互联网＋职业技能系列微课版创新教材

Office 2019

高效办公应用实战

束开俊 徐 虹 宋惠茹 编著

北京希望电子出版社
Beijing Hope Electronic Press
www.bhp.com.cn

内 容 简 介

随着"互联网+"时代的到来，职业教育和互联网技术日益融合发展。为提升职业院校培养高素质技能人才的教学能力，现推出"互联网+职业技能系列微课版创新教材"。

本书采用项目教学方式，通过 40 个项目案例全面介绍 Office 2019 中的 Word 2019、Excel 2019 和 PowerPoint 2019 三大组件常用的功能和应用技巧。全书共 14 章，其中第 1 章至第 6 章介绍 Word 2019 制作常用公文、精美文档、在文档中使用表格、编排长文档、邮件合并功能的使用以及审阅文档的知识；第 7 章至第 10 章介绍 Excel 2019 制作常用电子表格、计算工作表数据、管理和分析表格数据、查看保护和打印表格的知识；第 11 章至第 14 章介绍 PowerPoint 2019 制作操作流程、版面构图、动画设计、主题和母版、放映输入演示文稿的知识。

为了方便教学，本书配有操作视频，读者可通过扫描本书二维码获得。

本书可作为大中专院校、职业院校、技工学校及各类社会培训机构教材。

图书在版编目（ＣＩＰ）数据

Office 2019 高效办公应用实战 / 束开俊，徐虹，宋惠茹编著. -- 北京：北京希望电子出版社，2021.5
ISBN 978-7-83002-818-3

Ⅰ. ①O… Ⅱ. ①束… ②徐… ③宋… Ⅲ. ①办公自动化－应用软件－教材 Ⅳ. ①TP317.1

中国版本图书馆 CIP 数据核字(2021)第 085468 号

出版：北京希望电子出版社
地址：北京市海淀区中关村大街 22 号
　　　中科大厦 A 座 10 层
邮编：100190
网址：www.bhp.com.cn
电话：010-82626227
传真：010-62543892
经销：各地新华书店

封面：汉字风
编辑：全 卫 李 培
校对：龙景楠
开本：787mm×1092mm　1/16
印张：18.75
字数：428 千字
印刷：北京市密东印刷有限公司
版次：2023 年 6 月 1 版 3 次印刷

定价：49.00 元

编　委　会

前　言

Preface

随着知识经济时代的到来，传统的教育模式已难以满足就业的需要。一方面毕业生找不到满意的工作；另一方面用人单位却在感叹无法招到符合岗位要求的人才。因此，积极推进教学形式和教学内容的改革，从偏重知识的传统传授转向注重就业能力的培养，让学生有兴趣学习、轻松学习，已成为大多数高等院校及中、高等职业技术院校的共识。教育改革首先是教材的改革，为此，我们采用项目驱动教学方式编写了《Office 2019 高效办公应用实战》一书。

本书主要围绕 Office 2019 中的 Word 2019、Excel 2019 和 PowerPoint 2019 三大组件展开介绍。采用项目教学方式，通过大量项目案例全面介绍了这三大组件最常用的功能和应用技巧。全书共 14 章 40 个项目，其中第 1 章至第 6 章介绍 Word 2019 制作常用公文、精美文档、在文档中使用表格、编排长文档、邮件合并功能的使用以及审阅文档的知识；第 7 章至第 10 章介绍 Excel 2019 制作常用电子表格、计算工作表数据、管理和分析表格数据、查看保护和打印表格的知识；第 11 章至第 14 章介绍 PowerPoint 2019 制作操作流程、版面构图、动画设计、主题和母版、放映输入演示文稿的知识。

为了方便教学，本书配有操作视频，读者扫描二维码即可获取相应的视频资源。书中内容采用项目化教学方式进行讲解，以"项目导入""项目剖析""项目制作流程""项目延伸"为主线进行介绍。本书可作为大中专院校、职业学校、技工院校及各类社会培训机构教材，同时适合职场新人快速掌握相关操作技能参考之用。

由于编者水平有限，书中不足之处在所难免，恳请广大读者不吝指正，以便日后修订改进。

编者

2021 年 10 月

目 录

Contents

第 1 章

Office 2019 概述

本章目标

◎ 认识Office 2019

◎ 掌握Office 2019常用组件的新增功能

本章将介绍Office 2019的功能与特点以及Office 2019的新增功能。

1.1 认识 Office 2019

Office 2019来了，你还在用Office 2010、Office 2016吗？

图 1-1　全新的 Office 2019

Office 2019是微软Office办公软件的最新版本。Office 2019在原有版本的基础上增加了全新的办公功能，其高效的文件处理能力、新颖的用户界面都让人眼前为之一亮，还提供多种办公小功能，可有效提高用户的办公效率。

1.2 Office 2019 新增功能

下面介绍Office 2019中最常用的Word、Excel、PowerPoint三款软件的新增功能。

1.2.1 Word 2019

Word 2019新增的功能主要有横式翻页模式、沉浸式学习工具、语音朗读。

1. 横式翻页

执行"视图"→"页面移动"→"翻页"操作，可以开启"翻页"模式（原先默认为"垂直"模式），如图1-2所示。横式翻页模拟翻书的阅读体验，非常适合使用平板电脑的用户。

图 1-2　"翻页"模式

2. 学习工具

在Word 2019的新功能里，"学习工具"模式可说是一大亮点。单击"视图"→"沉浸式阅读器"即可开启"学习工具"模式，如图1-3所示。

图 1-3　"学习工具"模式

打开"学习工具"模式后，可以使用"列宽""页面颜色""文本间距""音节"和"朗读"功能方便阅读，并且不会改变Word文档原有的格式。结束阅读后单击"关闭沉浸式阅读器"即可退出该模式。

该模式主要功能简介如下：

- 列宽：文本占整体版面的比例。
- 页面颜色：改变背景色，甚至可以反转为黑底白字。
- 文本间距：字与字之间的距离。
- 音节：在音节之间显示分隔符，不过只针对英文显示。
- 朗读：将文本内容转为语音并朗读出来。

3. 语音朗读

除了"学习工具"模式可以将文本转为语音朗读以外，还可以执行"审阅→大声朗读语音"，开启"语音朗读"功能，如图1-4所示。

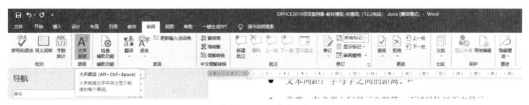

图 1-4　语音朗读

开启"语音朗读"后，在界面右侧会出现一个工具栏。单击"播放"按钮，可从光标位置的文本内容开始朗读；单击"上一个/下一个"，跳转至上一行/下一行朗读；也可以单击"设置"，调整阅读速度或是选择不同的语音。

1.2.2 Excel 2019

1．"漏斗图"

早先版本的Excel制作漏斗图时，需要对条形图设置特别的公式，使条形图最终能呈现左右对称的漏斗状。而在Excel 2019中，只需选择已输入好的数值，执行"插入"→"图表"→"所有图表"→"漏斗图"操作，如图1-5所示，即可生成漏斗图，如图1-6所示。

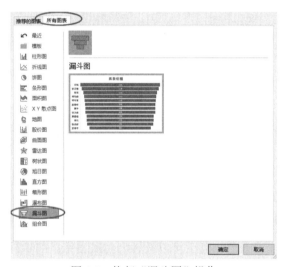

图1-5　执行"漏斗图"操作

图1-6　生成的漏斗图

2．"地图"

在分析销售数据时，往往要使用专业的软件，在地图上标以深浅不同的颜色来加以区分。如今这样的图表，在Excel 2019中也已经可以一键生成了。只需要先输入好地区（最小单位为省），并输入该地区对应的销售额，接着执行“插入”→“图表”→“地图”操作，就能够直接在地图上显示各地区的数据了。

3. 多条件函数

在Excel函数中，IF函数是使用频率较高的函数之一。但有时候需要设定的条件过多，以至于在使用IF函数时，往往需要层层嵌套。

例如：

IF (条件A,结果A,IF (条件B,结果B,IF (条件C,结果C,结果D)))

像这样的条件式，基本上只要三、四层嵌套，就已经头昏眼花了，不知道使用了多少个IF、多少个括号。在Excel 2019中新增了IFS函数（“S”表示多条件），使用起来就会直观很多（图1-7）。

例如：

IFS (条件A,结果A,条件B,结果B,条件C,结果C,条件D,结果D)

像上面这样的“条件”“结果”最多可以写上127组。

IFS函数的案例如图1-7所示。

1. 用IFS函数计算各人的奖金，要求基本工资在4200（含4200）以上的奖金为500，基本工资在3500-4200（含3500）的奖金为300，基本工资在3500以下的奖金为100

姓名	职称	性别	基本工资	职务津贴	奖金
刘小军	副教授	男	4200	600	500
陈新洪	讲师	男	4000	200	300
孙卫国	讲师	女	3900	150	300
王明	副教授	男	5200	450	500
胡广华	讲师	女	3000	100	100
刘芳	副教授	女	4500	600	500
吴建军	讲师	男	3000	250	100
李平	讲师	男	3800	200	300
吴玉花	副教授	女	4800	700	500
王小林	讲师	男	3200	200	100

IFS(D7>=4200,500,D7>=3500,300,D7<3500,100)

图 1-7　IFS 函数

与IFS函数类似的多条件函数还有MAXIFS函数（区域内满足所有条件的最大值）和MINIFS函数（区域内满足所有条件的最小值）。此外，Excel 2019还新增了文本连接的Concat函数和Textjoin函数。

1.2.3　PowerPoint 2019

PowerPoint 2019新增的功能，主要是以达到冲击力更强的演示为目的的“平滑"和"缩放定位"功能。

1."平滑"

提到苹果的演示软件Keynote 的动画效果——"神奇移动"，相信大家都不陌生。在Office 2019中，PowerPoint也加入了同样的效果，也就是页面间的切换动画——"平滑"。

"平滑"的具体效果，在于让前后两页幻灯片的相同对象产生类似"补间"的过渡效果。由于它不需要设置烦琐的路径动画，只需要设置好对象的位置、调整好大小与角度，就能一键实现"平滑"动画，如图1-8所示。不仅功能相当的强大，同时幻灯片也具有更好的阅读性。

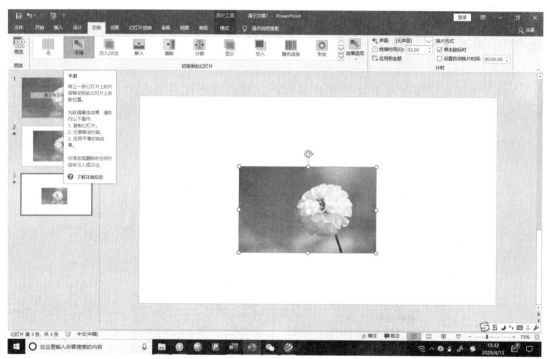

图1-8 "平滑"动画效果

除此之外，利用"平滑"搭配"裁剪"等进阶技巧，还可以快速做出很多酷炫的动画效果，如图1-9所示。

2."缩放定位"

"缩放定位"能实现跨页面跳转的效果，而在早先版本的PowerPoint只能按照幻灯片顺序演示。新增这项功能后，执行"插入"→"缩放定位"操作，如图1-10所示，页面中会"插入"幻灯片的缩略图，这样就可以直接跳转到相对应的幻灯片，大大提升了演示的灵活性和互动性。

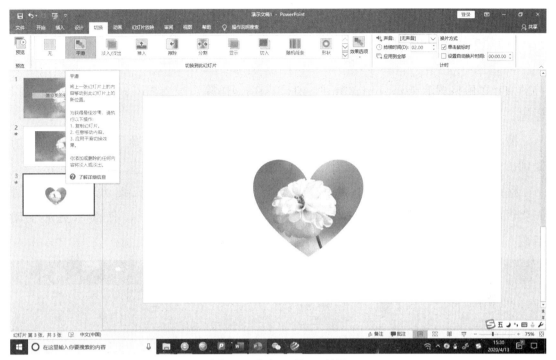

图 1-9　进阶"平滑"效果

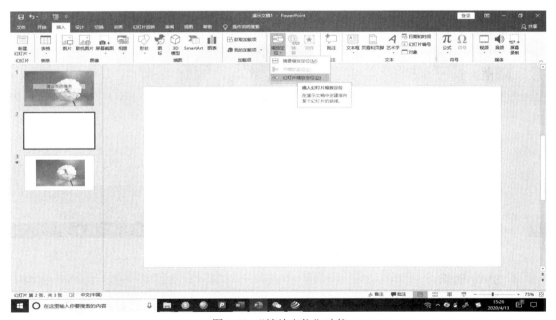

图 1-10　"缩放定位"功能

除了作为目录或导览页进行跳转外，也可以对幻灯片进行展示设计，搭配"缩放定位"功能使演示效果更加生动。

3."3D 模型"

如果说"平滑"和"缩放定位"这两个强大的功能还属于软件的演示范畴的话，

那么"3D 模型"新功能，则可说是演示软件功能的一大突破。

启动PowerPoint 2019后，就能在"插入"选项卡中看到"3D 模型"这个新功能，如图1-11所示。使用它可以在PowerPoint中插入3D 模型。目前Office软件所支持的3D 文件格式有fbx、obj、3mf、ply、stl、glb等，导入PowerPoint后即可直接使用。

插入3D 模型后，搭配光标拖动可以改变其所呈现的大小与角度。而搭配前面所提到的"平滑"切换效果，则能更好地展示模型本身。

除此之外，在PowerPoint的"3D 模型"中自带了特殊的三维动画，包括"进入""退出"以及"转盘""摇摆""跳转"三种强调动画，使演示更加生动活泼。

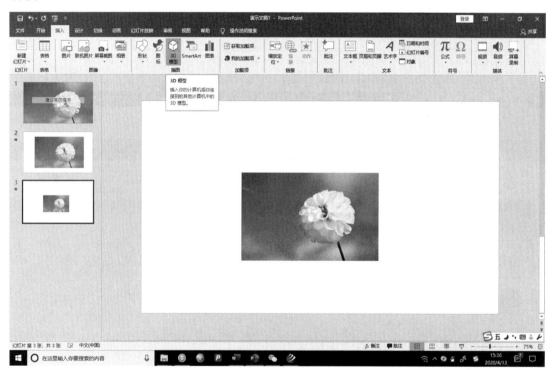

图1-11 "3D 模型"

4. SVG 图标

图像比纯文本能更快、更好地传递信息。因此，使用图标一直是PowerPoint演示不可或缺的一种方式。受PowerPoint早先版本的限制，只能在PowerPoint中插入难以编辑的PNG 图标。如果想插入可编辑的矢量图标，就必须借助Illustrator等专业设计软件编辑转换，再导入PowerPoint中，使用起来非常不方便。

PowerPoint 2019提供了图标库，细分出很多种常用的类型可供使用。只需执行

"插入"→"图标"操作即可快速插入需要的图标素材，如图1-12所示。

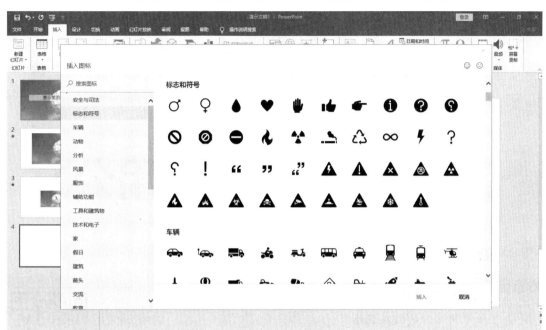

图1-12 插入图标

此外，PowerPoint 2019还可以直接导入最常见的SVG格式矢量图。同时可以借由图形工具中的"转换为形状"功能将图标拆解，分别编辑各个部分的大小、形状和颜色，以便在使用图标时对其进行任意编辑。

第 2 章

Word 制作常用公文

本章目标 ————————

◎ 了解常用文件的格式规范

◎ 掌握常用文件和红头文件的制作方法

本章将学习Word常用文件的格式规范，以及如何使用Word制作通知、红头文件等常用文件。

2.1　Word 文档的格式规范

遵循文档格式规范可以使文档看起来既专业又美观。

2.1.1　常用的几项行文规范格式要求

1．页面设置

在默认情况下，页边距可设置为：上2.54 cm、下2.54 cm、左3.18 cm、右3.18 cm。如在一页篇幅内仅有一两行文本，应适当缩小页边距，将这几行文本调整至上一页。若对文档有明确要求的，应按要求设置页面大小。

2．封面、标识、目录

封面：活动指南、专业性方案、报告等材料，在有明确要求的情况下，可带封面。一般情况下，文本材料不带封面。

标识：有明确要求的，在封面或材料首页的左上角添加标识。一般情况下，文本材料不带标识。

目录：需要列出正文的一、二级标题名称及对应页码和附录、参考文件等的对应页码。毕业论文、档案、公司制度、标书等页数较多的文件都需要添加目录，具体格式一般按公司文件规定进行设置即可。

3．文本标题

（1）当文档标题级别较多时，一级、二级、三级……的标题依次使用"一、（一）、1.、（1）、①"；若文档标题级别较少，可直接使用"一、1."。

注意：（一）（1）后不加下圆点。

（2）主标题：小标宋、二号、不加粗，段落行距设置为固定值36磅。

（3）一级标题：黑体、三号、不加粗、顶端对齐，段前段后各0.5行，段落行距设置为固定值28磅，序号使用中文大写数字后加顿号。

（4）二级标题：楷体_GB2312、三号、加粗，顶端对齐，段前段后各0.5行，段落行距设置为固定值25磅，序号使用大写数字外加小括号。

（5）三级标题：仿宋_GB2312、三号、加粗或不加粗，顶端对齐，序号使用阿拉伯数字后加下圆点。

4. 正文格式

正文字体可使用仿宋_ GB2312、三号字。正文的对齐方式为两端对齐，首行缩进2字符。正文行距设置为固定值28~32磅，也可根据具体情况设置。

5. 页码设置

（1）单页：页码可设置为底端居中，格式为"-1-"，字体为宋体四号。

（2）对页：页码设置奇数页在右侧，偶数页在左侧，格式为"-1-"，字体为宋体四号。

6. 打印

普通打印：白纸黑字，常用双面打印，合同单面打印。

骑马钉打印：在"布局"→"页面设置"→"纸张大小"中设置纸张大小为A4，在"页面设置"→"页边距"中，将页码范围设置成"书籍折页"，设置"上""下""内侧""外侧"（页边距），设置完成确定后文档将以A4页面大小排版，双面打印。

7. 装订

一般的文本材料基本为左侧装订，通常采用普通装订和骑马钉两种装订方式。

8. 附件

（1）正文后附件：下空一行，左空2字，"附件"为三号仿宋，附件后用全角冒号。若有2个以上附件，冒号后可加阿拉伯数字序号，附件名称后不加标点符号。例如：

附件：1.******

（2）左上角的"附件"二字要顶格。附件的首页左上角顶格用三号黑体字排印"附件"二字及附件的顺序号。

2.2.2 标点符号使用常见错误归纳

不规范	规范
2009-2019	2009～2019（输入法中"软键盘"→"标点符号"→"Y"）
《教学》、《制度》	去掉两个书名号之间的顿号
"教学"、"制度"	去掉两个引号之间的顿号

续表

不规范	规范
1、2、3、A、B、C等	阿拉伯数字和拉丁字母后用下圆点，如：1.2.3.A.B.C.
二0二一年二月十六日	2021年2月16日
我的教育故事——实验一小王晶	破折号应用实线，占2字（中文输入法状态下"Shift+-"）
红的白的绿的……	省略号应为均匀的6个中圆点（中文输入法状态下"Shift+6"）
8：00～9：00	表示时间时，冒号应用半角状态下的冒号。 如：8:00～9:00

2.1.3　几点说明

（1）向上级部门提交的材料及上级部门下发的文件、通知等必须符合行文规范要求。

（2）学校的计划、总结、管理制度、通知等必须符合行文规范要求。为节约纸张，学生的作业、成绩统计表、试卷等材料的字号、行距不作要求，但其他应符合行文规范要求。

2.2　通知文件

"项目一"常用文件——放假通知

● 项目导入

通知，是使用广泛的告知性公文，是各单位经常使用的文件类型。

● 项目剖析

通知的格式包括标题、称谓、正文、落款等。

（1）标题：位于第一行正中位置。可只写"通知"两字，如果事项重要或紧急，也可写"重要通知"或"紧急通知"，以引起阅读者的注意。可在"通知"前面加上发布通知的单位名称，还可加上通知的中心意思。

（2）称谓：第二行顶格写被通知者的姓名或职称或单位名称（通知事项内容简短单一，书写时可略去称呼，直起正文）。

（3）正文：另起一行，空两格。开会通知要写清开会的时间、地点、参加会议的对象以及会议内容和其他要求。布置工作的通知，要写清通知布置工作的目的、意义以及具体要求。

（4）落款：分两行写在正文后右下方，一行署名，一行写日期。

通知一般采用条款式行文，简明扼要，一目了然，方便被通知者阅读并遵照执行。本项目案例最终效果如图2-1所示。

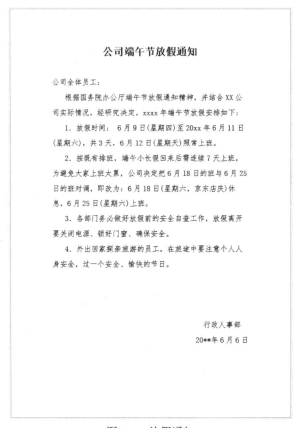

图 2-1　放假通知

● **项目制作流程**

步骤01 打开素材文件"公司端午节放假通知素材.docx"。

步骤02 选中第1行标题。单击"开始"→"段落"→"居中"，字体设置为黑体、二号、加粗，如图2-2所示。

图 2-2　设置标题格式

步骤03 选中正文，即从"公司全体员工"到最后，设置其字体为仿宋、三号，如图2-3所示。

图2-3　设置正文格式

步骤04 选中文本从"根据"到"愉快的节日"。右击，在弹出的快捷菜单中选择"段落"，在弹出的对话框中依次设置"特殊"为"首行"，"缩进值"为"2字符"。单击"确定"，如图2-4所示。

图2-4　设置首行缩进

步骤05 在标题后面按Enter键，增加一个空行，用以区分标题和正文，如图2-5所示。

图2-5　区分标题和正文

步骤06 选中落款，即发布部门和日期，将其设置为右对齐，如图2-6所示。在落款前按Enter键，以区分正文和落款，如图2-7所示。

步骤07 将光标移至"行政人事部"后按若干个空格，或移至"行政人事部"前按Backspace键退格，将部门和日期居中对齐。

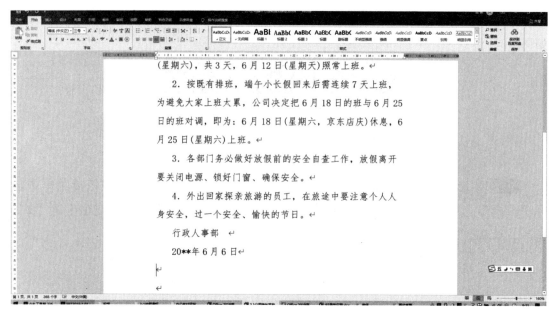

图 2-6 设置落款

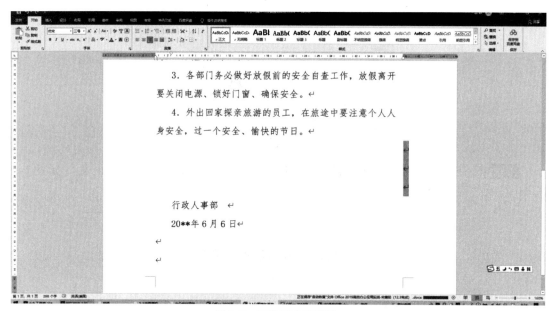

图 2-7 区分正文和落款

步骤08 按下Ctrl+P组合键进行打印预览，至此本案例制作完成。

●项目延伸

一般企业内部的公务文书，如通知、申请、报告、通报、通告、决议、决定等，没有具体规定的都可以设置成此种格式，有具体格式要求的则按具体要求设置。

:::::::::: 2.3　红头文件 ::::::::::

"项目二"常用文件——红头文件

● **项目导入**

　　政府部门的公文标题都为红色，所以称为"红头文件"，后来企事业单位的重要文件也采用红头文件格式。

● **项目剖析**

　　"红头文件"并非法律用语，是对各级政府机关下发的带有大红字标题和红色印章的文件、声明、公告、公示等的通俗统称。

　　一般公文的排版样式要求如下：

　　（1）文头（红色反线以上部分）字体：黑体、一号、加粗、红色、居中、字符间距为1.7磅；"发文号"的字体：仿宋、四号、黑色。

　　（2）标题字体：黑体、三号、加粗、黑色、居中。

　　（3）"主送机关"字体：仿宋、四号、黑色。

　　（4）正文字体：仿宋、四号、黑色、首行缩进2个字符、1.5倍行距；附件部分的字体：仿宋、四号、黑色、首行缩进2个字符、1.5倍行距；落款的字体：仿宋、四号、黑色、右对齐。

　　（5）日期字体：仿宋、四号、黑色、右对齐，"零"可写为"〇"。

　　（6）"主题词"字体：三号黑体、黑色、加粗。

　　（7）"抄送机关"字体：仿宋、四号、黑色。

　　（8）"印发说明"字体：仿宋、四号、黑色。

　　（9）印章位置为上不压正文，下压日期。

　　下面看一个具体案例，本项目案例最终效果如图2-8所示。

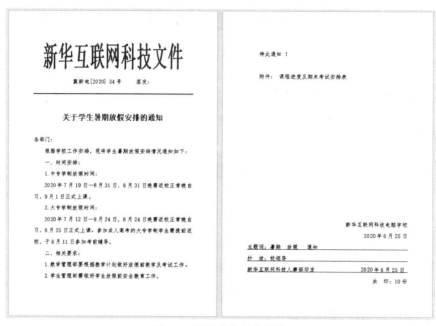

图 2-8 红头文件最终效果

● **项目制作流程**

步骤01 打开本案例素材文件"新华互联网科技公司素材.docx",选中标题文本"新华互联网科技文件",将其设置为"黑体、80号、加粗、红色、居中",效果如图2-9所示。

图 2-9 设置标题格式

步骤02 执行"开始"→"段落"→"中文版式"→"调整宽度"操作，在打开的对话框中设置"新文本宽度"为"5"字符，如图2-10所示。单击"确定"，效果如图2-11所示。

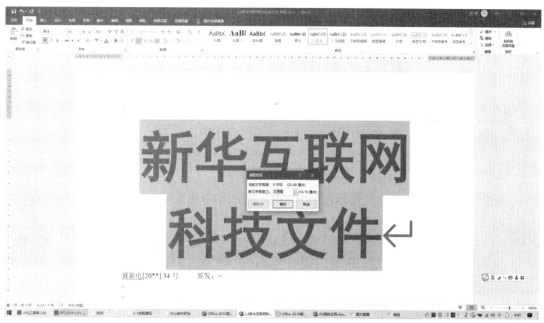

图 2-10　设置标题文本宽度

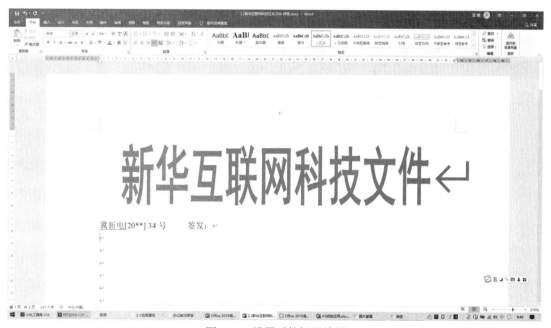

图 2-11　设置后的标题效果

步骤03 选中第2行文本"冀新电…"，将其设置为"居中"，效果如图2-12所示。

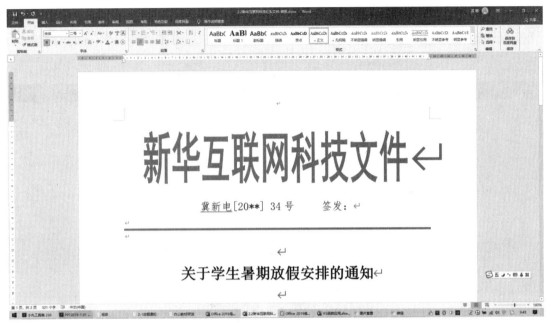

图 2-12　设置文件编号居中

<u>步骤</u>04 插入分隔线。

方法一：在签发行后面按Enter键，单击"插入"→"插图"→"形状"→"直线"，按住Shift键的同时使用左键绘制直线，如图2-13所示；单击"绘图工具"的"格式"选项卡中的"形状轮廓"，将刚绘制的直线颜色设置为红色，再依次单击"格式"→"形状轮廓"，将其设置为"粗线、3磅"，如图2-15所示。

图 2-13　绘制直线

图 2-14　设置颜色

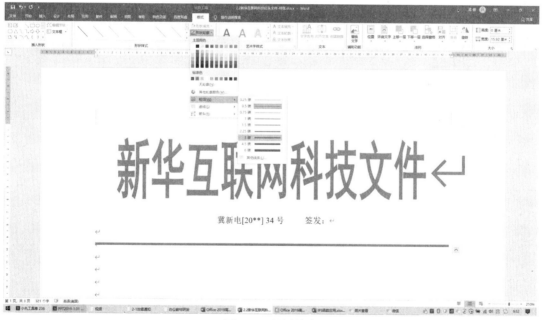

图 2-15　设置线宽

　　方法二：在签发行后按Enter键，选中空行上的段落标记。单击"开始"→"段落"→"边框"下三角按钮，在弹出的快捷菜单中选择"边框和底纹"，如图2-16所示。在打开的对话框中参照图2-17进行设置即可。

图 2-16　设置边框和底纹

图 2-17　具体设置参数

步骤05 选中正文标题行文本"关于…"，将其设置为"宋体、二号、加粗、居中"，如图2-18所示。在标题后按Enter键，插入一个空行。

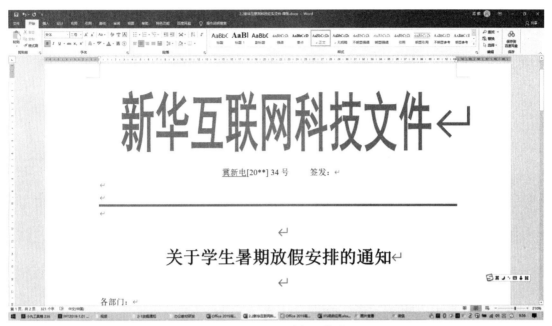

图2-18　设置正文标题格式

步骤06 选中正文和落款文本"各部门..."，将其设置为"仿宋、三号"，如图2-19所示。

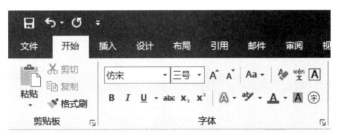

图2-19　设置正文和落款格式

步骤07 选中文本"根据..."到正文最后，单击"开始"→"段落"右下角的"段落"，在打开的对话框中设置"特殊"为"首行"，缩进值为2字符，单击"确定"。如图2-20所示。

步骤08 调整正文内容，将光标移至"特此通知"前，按Enter键，在文本"附件"一行前按Enter键；将落款设置为右对齐；在落款与正文之间插入若干空行。

步骤09 选中文件尾的"主题词…日"文本，为其添加下划线，设置其格式为仿宋、三号、居中，如图2-21所示。

步骤10 同时使用Ctrl键和滚轮查看整体效果。单击"视图"→"显示比例"→"多页"，可并排显示页面。至此本案例制作完成，最终效果如图2-22所示。

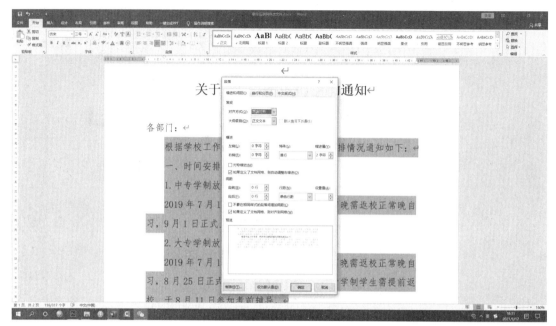

图 2-20　设置正文首行缩进

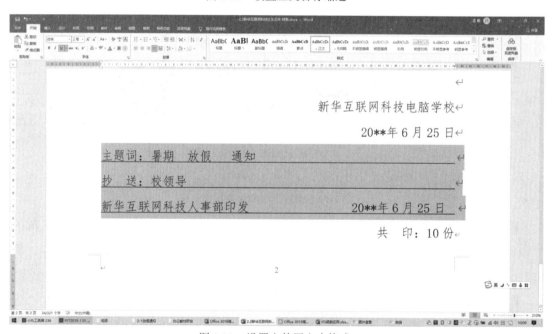

图 2-21　设置文件尾文本格式

图 2-22　最终完成效果

● 项目延伸

关于红头文件，各单位如有具体格式规范，则按规范执行。

第3章

制作精美文档

本章目标 ————————————————————————

◎ 掌握个人小档案的制作方法
◎ 了解商务信纸的设计思路并掌握制作方法
◎ 掌握企业杂志的制作方法
◎ 了解简历的构成以及简历封面的设计思路并掌握制作方法

·········· 3.1 个人小档案 ··········

"项目一" 精美文档——个人小档案

● 项目导入

"个人小档案"包括了比较完整的个人信息资料。在本案例中小档案是非正式档案，较适合使用活泼美观的设计思路进行设计。

● 项目剖析

下面看一个具体案例，本项目案例最终效果如图3-1所示。

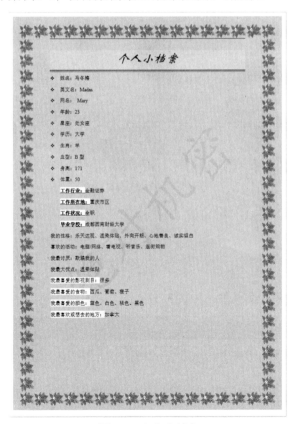

图 3-1　个人小档案

● **项目制作流程**

步骤01 打开本案例素材文件"个人小档案.docx",设置"页面边框"。依次单击"设计"→"页面背景"→"页面边框",单击"艺术型"下三角按钮,在弹出的快捷菜单中选择一个与样张相对应的艺术型边框,如图3-2所示。单击"确定",页面边框设置完毕。

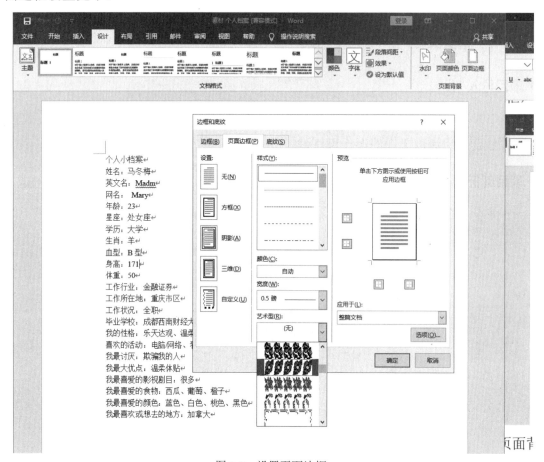

图3-2 设置页面边框

步骤02 设置页面背景。单击"设计"→"页面背景"→"页面颜色"下三角按钮,选择与样张相对应的浅橙色,如图3-3所示。

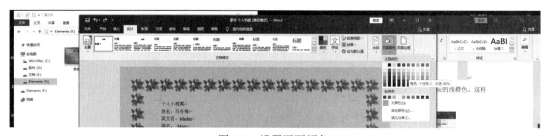

图3-3 设置页面颜色

步骤03 添加水印效果。单击"设计"→"页面背景"→"水印"下三角按钮，如图3-4所示。单击"自定义水印"→"文本水印"，在文本处输入"绝对机密"，选择"楷体_GB2312，浅绿色，斜式"，如图3-5所示。此时文档中间出现一行倾斜的浅绿色水印。

图3-4 设置水印

图3-5 水印效果

步骤04 设置标题，标题字号要比正文大。选中标题文本"个人小档案"，将字体格式设置为"华文新魏、一号、倾斜、居中"，如图3-6所示。保持选中标题不变，单击"开始"→"段落"→"边框"下三角按钮，在弹出的菜单中选择"边框和底纹"，选择"底纹"选项卡，颜色设置为"浅绿色"，"应用于"选择"段落"，如图3-7所示。再次单击"开始"→"段落"→"边框与底纹"→"边框"，格式选择与样张一致的浅绿色双线。单击右边预览区中的上、左、右边线将其删除，单击"确定"，如图3-8所示。

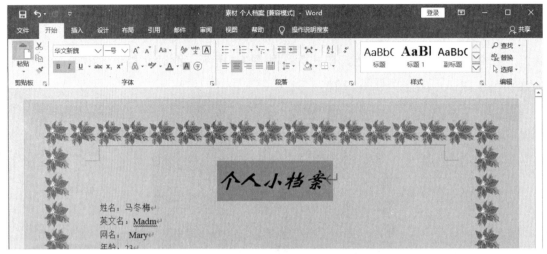

图 3-6　设置标题文本

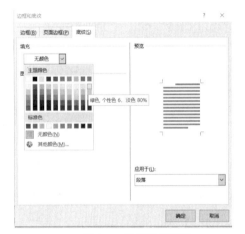

图 3-7　设置标题底纹

图 3-8　设置标题下边框

步骤05 设置正文。选中段落文本"姓名……体重"。单击"开始"→"段落"→"项目符号"下三角按钮，在弹出的菜单中选择"定义新的项目符号"，如图3-9所示。在打开的"符号"对话框中设置字体为"Windings 2"，选择"星形"，如图3-10所示。

步骤06 设置正文第二部分。先选中文本"工作行业"，在按Ctrl键的同时拖动鼠标选中"工作所在地""工作状况"和"毕业学校"文本，此时可以看到"工作行业""工作所在地""工作状况""毕业学校"这几部分文本都已经被选中了。依次选择"开始"→"段落"→"增加缩进量"，单击两次。

步骤07 保持选中状态，依次单击"开始"→"段落"→"底纹"下三角按钮，在弹出的菜单中选择"标准色"→"黄色"，加粗，如图3-12所示。

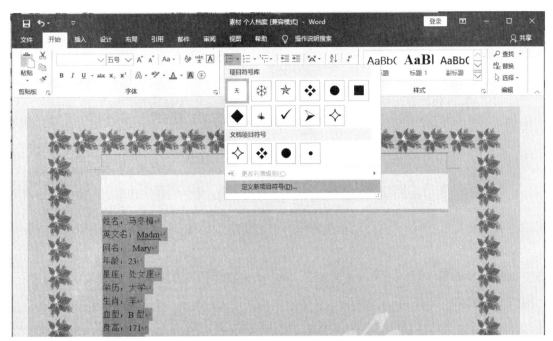

图 3-9　定义项目符号

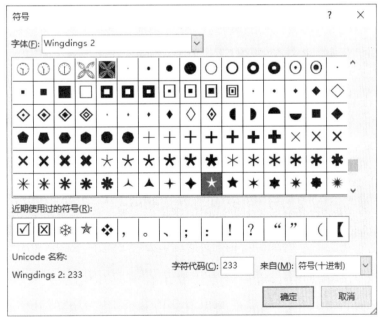

图 3-10　选择项目符号

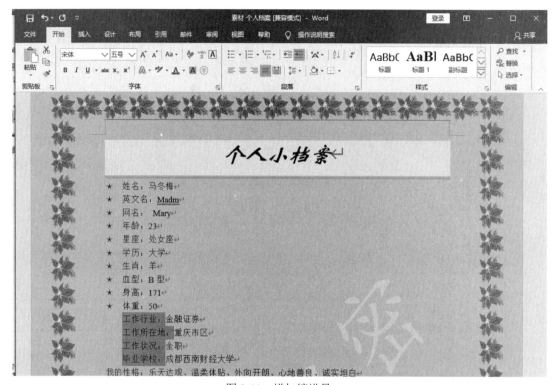

图 3-11　增加缩进量

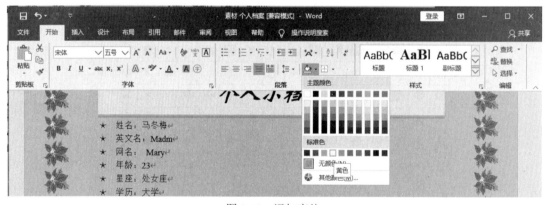

图 3-12　添加底纹

步骤08 文档最后四行。选中文本"我最喜爱的影视剧目""我最喜爱的食物""我最喜爱的颜色""我最喜欢或想去的地方"，依次单击"开始"→"段落"→"底纹"下三角按钮，在弹出的菜单中选择"标准色"为"黄色"。

步骤09 设置行距。在"姓名"前单击，在文档最后按住Shift键再次单击，此时两次光标中间的文本范围都被选中，选择"开始"→"段落"→"行和段落间距"，在弹出的快捷菜单中选择"1.5倍"，如图3-13所示。至此本案例制作完成。

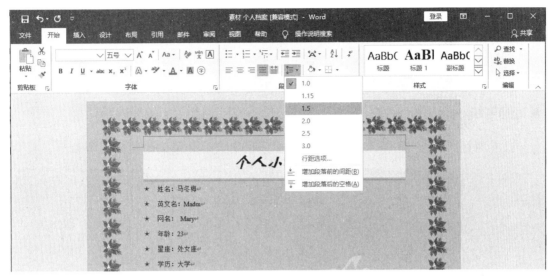

图 3-13 设置行距

● **项目延伸**

常用的选择方法如下：

（1）全选：组合键Ctrl+A，或在行左侧连续单击三次。

（2）选择不连续的范围：先选择一部分文本，再按Ctrl键选择其他不连续的文本部分。

（3）选择连续的范围：光标移至选择的文本开始处，再按Shift键在要选择的文本结束处单击鼠标左键。

（4）选择矩形范围：按住Alt键拖动鼠标。

（5）选择行：在行左侧单击。

（6）选择多行：在行左侧单击并向下拖动。

（7）选择段落：在行左侧双击。

3.2 商务信纸

"项目二"精美文档——信纸制作

● **项目导入**

商务信纸又被称为企业信纸，是企业文化的一部分，代表企业的形象，常用于企业的宣传推广。商务信纸应该体现企业的通信联络信息，如企业名称、地址、网址以及电话等，在信纸的适当位置印有企业Logo。

空白信纸

● 项目剖析

以下项目案例介绍空白信纸的制作，本项目案例最终效果如图3-14所示。

图3-14　空白信纸

● 项目制作流程

步骤01 新建一个Word文档，输入标题文本"新华互联网科技"，将其设置为"黑体、28号、红色、居中"，依次单击"开始"→"段落"→"中文版式"下三角按钮，在弹出的菜单中选择"调整宽度"，设置新文本宽度为"12"，如图3-15所示。

步骤02 光标移至标题后，按Enter键并选中这个段落标记。单击"开始"→"段落"→"边框"下三角按钮，在弹出的菜单中选择"边框和底纹"，如图3-16所示。在打开的"边框和底纹"对话框中选择"边框"中的"样式"为上粗下细的双线，

"颜色"为红色。单击预览区的上下边框，如图3-17所示。

图 3-15　设置标题格式

图 3-16　选择边框和底纹

图 3-17　设置线型

步骤03 在生成的两条直线之间按Enter键若干次，效果如图3-18所示。

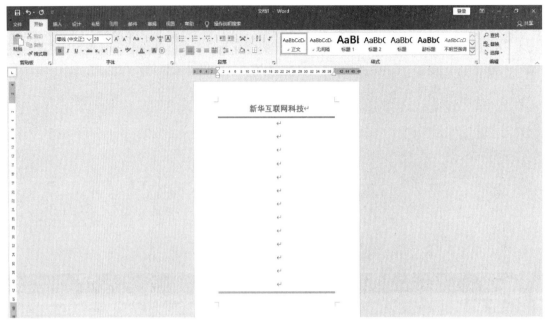

图 3-18　按 Enter 键添加空行

步骤04 在页面底端双击，输入地址、电话等文本内容，格式设置为五号、红色。至此本案例制作完成，最终效果如图3-19所示。

图 3-19　最终完成效果

横格信纸

● 项目剖析

　　本项目案例最终效果如图3-20所示。通过观察分析效果图可以发现，横格信纸就是在空白信纸的基础上添加中间的虚线和水印效果，因此只需在空白信纸的基础上继续进行制作即可。

图 3-20　横格信纸

● 项目制作流程

　　步骤01 选中上下两条线中间处的段落标记，单击 "开始"→"字体"，单击 "清除所有格式"，此时空白处文本格式将恢复默认状态；保持选中状态，再次单击 "段落"→"边框"→"边框与底纹"，在打开的 "边框与底纹" 对话框中选择合适的虚线线型，颜色为红色。单击预览区将虚线添加到中间，单击 "确定"，如图3-21所示。

图 3-21　设置红色虚线

步骤02 添加水印：依次单击"设计"→"页面背景"→"水印"→"自定义水印"→"图片水印"，单击"选择图片"，选中对应的水印图片，单击"确定"，单击"应用"，如图3-22所示。此处还可单击"缩放"下三角按钮选择缩放比例对图片进行适当缩放。

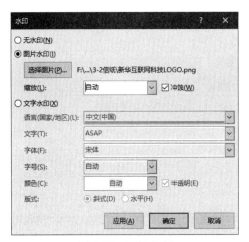

图 3-22　添加水印

步骤03 去除页眉线：在添加水印后word 2019会自动添加页眉线，如要去除页眉线，在页眉位置双击进入页眉页脚的编辑状态，选中页眉线上的段落标记，依次选择"段落"→"边框与底纹"→"无框线"，即可去除页眉线，如图3-23所示。最后单击"设计"→"关闭"→"关闭页眉页脚"，返回正文编辑状态。

步骤04 最后选择"文件"→"打印"，预览整体效果，如图3-24所示。至此本案例制作完成。

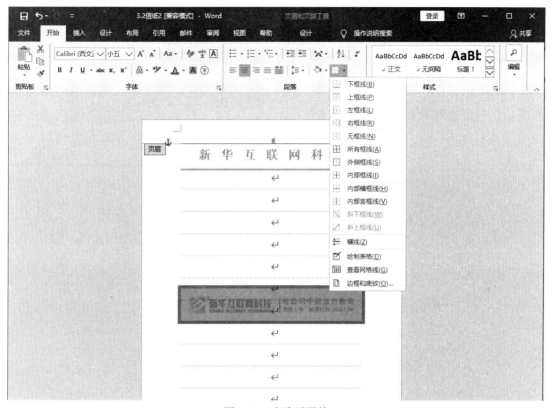

图 3-23 去除页眉线

图 3-24 最终完成效果

商务信纸

● 项目剖析

商务信纸能很好地体现企业文化，从某一方面代表了企业形象，因此要具有设计美感。本项目案例最终效果如图3-25所示。

图 3-25　商务信纸

● 项目制作流程

步骤01 双击页眉处进入页眉页脚的编辑状态，单击"插入"→"插图"→"图片"，选中素材文件中的新华互联网科技LOGO.png，选中此图片，依次单击"图片工具"→"格式"→"文本环绕"→"浮于文本上方"，然后将光标移至图片上，调整图片大小，最后拖动图片移至页眉中间，如图3-26所示。

步骤02 选中图片，单击"开始"→"段落"→"边框"下三角按钮，在弹出的快捷菜单中选择"边框和底纹"，如图3-27所示。在打开的"边框和底纹"对话框中选择"边框"选项卡，拖动 "样式"右侧滚动条，选择如样张所示的虚线，最后在预览区单击添加下边框线，如图3-28所示。

步骤03 单击"插入"→"插图"→"形状"下三角按钮，选择"箭头总汇"中的"箭头：V形"，在文档中绘制一个V形箭头，如图3-29所示。选中这个箭头，在"形状填充"中设置形状为"蓝色"，如图3-30所示。在"形状轮廓"中，选择"无轮廓"，再拖动任意一角适当改变箭头的大小。右击选择"复制"再右击选择"粘贴"，同样的方法共复制3个。按住Shift键依次单击选中这3个箭头，单击"格式"→"对齐"→"顶端对齐"，再次单击"格式"→"对齐"→"横向分布"，如图3-31所示。

图 3-26　设置页眉

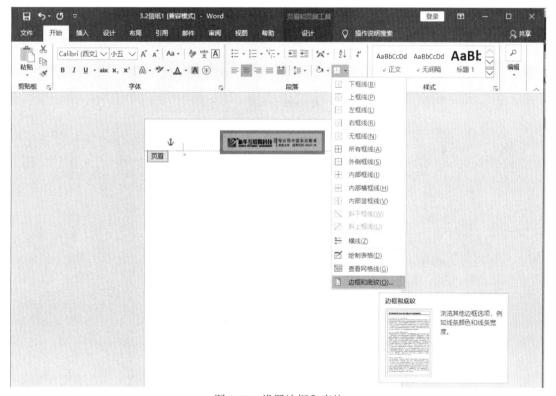

图 3-27　设置边框和底纹

Office 2019高效办公应用实战

图 3-28　添加标题下边框线

图 3-29　设置箭头形状

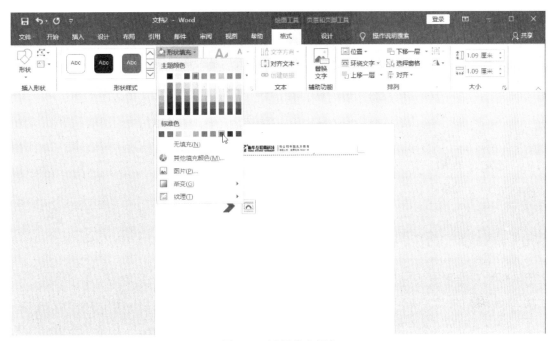

图 3-30 设置箭头颜色

图 3-31 设置箭头形状

步骤04 按住Shift键依次单击选中这3个箭头形状。单击"格式"→"排列"→"组合"下三角按钮中的"组合",如图3-32所示。

图 3-32　组合箭头

步骤 05 复制，单击"格式"→"旋转"→"水平翻转"，如图3-33所示。

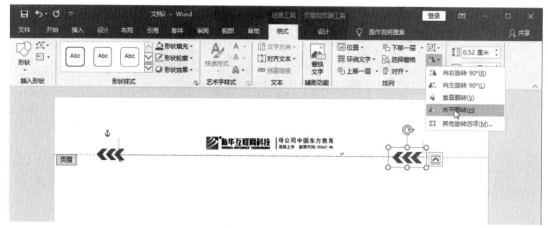

图 3-33　复制箭头组合

步骤 06 在页脚处双击。单击"插入"→"文本"→"艺术字"，选择第一个艺术字"填充：黑色，文本色1；阴影"，如图3-34所示。输入文本行"互联通达修身精技"，设置文本格式为"黑体、小二号、浅蓝色"。输入文本行"地址…"，设置文本格式为"黑体、小六号"，在文本框边框处单击选中文本框，选择"段落"→"居中"，如图3-35所示。

图 3-34　设置页脚 1

图 3-35　设置页脚 2

步骤07 单击"插入"→"插图"→"形状"，选择直线，如图3-36所示按住Shift键绘制一条直线。单击选中此直线，选择"格式"→"形状轮廓"，将此直线颜色设置为"蓝色"，如图3-37所示。再次选择"格式"→"形状轮廓"，将此直线"粗细"设置为"3磅"，如图3-38所示。

步骤08 拖动此直线至文档左侧，复制此直线，将复制的直线拖动至文档右侧，按住Shift键依次单击选中这两条直线。单击"格式"→"对齐"→"顶端对齐"，如图3-39所示。

步骤09 至此本案例制作完成，效果如图3-40所示。

图 3-36　设置页脚 3

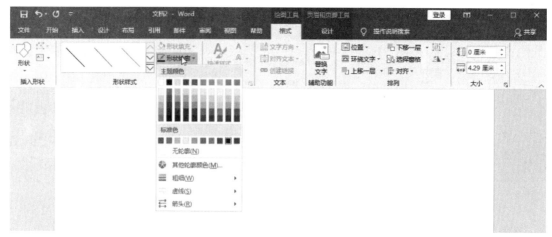

图 3-37　设置页脚 4

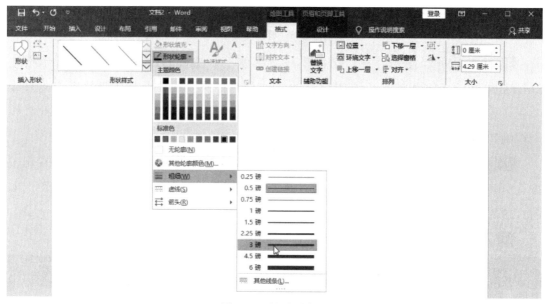

图 3-38　设置页脚 5

图 3-39 设置页脚 6

图 3-40 最终完成效果

● **项目延伸**

国内信纸标准尺寸规格如下，可根据用户的要求及用途定制。

大16开：21 cm×28.5 cm　　正16开：19 cm×26 cm

大32开：14.5 cm×21 cm　　正32开：13 cm×19 cm

大48开：10.5 cm×19 cm　　正48开：9.5 cm×17.5cm

大64开：10.5 cm×14.5 cm　正64开：9.5 cm×13 cm

3.3　可以"加分"的简历封面

"项目三"精美文档——简历封面

● **项目导入**

简历是求职者学历、经历、特长、爱好及其他相关情况的书面介绍。对求职者来说，简历是求职的"敲门砖"。

● **项目剖析**

下面介绍具体案例制作，本项目案例最终效果如图3-41所示。

图3-41　简历封面最终效果

● **项目制作流程**

步骤01 新建一个Word文档，单击"插入"→"插图"→"图片"，选择"此设备"，插入素材图片，或者直接将素材图片拖入Word文档中。选中此图片，单击"格式"→"排列"→"环绕文本"下三角按钮，选择"衬于文本下方"，拖动图片任意一角的小圆点缩放至合适位置。

步骤02 单击"图片工具"→"格式"→"调整"→"校正"下三角按钮，将"亮度对比度"设置为"亮度：+20%对比度：0%（正常）"，调亮图片的背景颜色，如图3-42所示。

图 3-42　调节图片亮度对比度

步骤03 设置标题：单击"插入"→"文本"→"艺术字"下三角按钮，选择"填充：黑色，文本色1，阴影"。输入文本内容"简历"，字体设置为"黑体、80号"。拖动艺术字的边缘将其移动至合适位置，如图3-43所示。

步骤04 单击选中"简历"艺术字边框进行复制，将副本的文本内容修改为"个人"，并将其缩小至小初号字，移动至合适位置。再进行复制，将副本的文本内容修改为"GE REN JIAN LI"，缩小至20号字，移动至如图3-44所示位置。

步骤05 单击"插入"→"插图"→"形状"下三角按钮，选择"直线"，按住Shift键绘制一条直线置于两行小字中间。单击"绘图工具"→"格式"→"形状样式"，选择"细线-深色1"，如图3-45所示。

图 3-43　设置标题

图 3-44　设置副标题

图 3-45　设置直线

步骤06 单击"简历"艺术字边框将该艺术字选中。单击"绘图工具"→"格式"→"艺术字样式"→"文本填充"下三角按钮，将字体颜色设置为深蓝色，如图3-46所示。

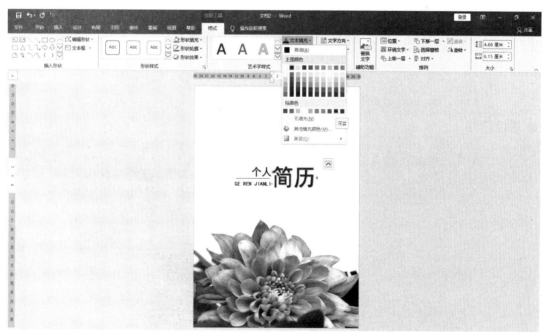

图 3-46　设置标题颜色

步骤07 单击"插入"→"文本"→"文本框"下三角按钮，选择"简单文本框"，在窗口中拖动绘制一个文本框。单击中部的指示处输入"姓名""电话""专业"等文本内容，选中文本框边框，单击"格式"→"形状样式"→"形状轮廓"下三角按钮，选择"无轮廓"。单击"格式"→"形状样式"→"形状填充"下三角按钮，选择"浅蓝色"，如图3-47所示。单击"格式"→"艺术字样式"→"文本填充"下三角按钮，选择"白色"。单击"开始"→"字体"→"字号"，设置为"五号"。至此本案例制作完成。

图 3-47　最终完成效果

● **项目延伸**

简历封面应展现应聘者的个性与特点。

第 **4** 章

美观实用的表格

本章目标

◎ 掌握创建、美化表格的方法

◎ 学会设计制作"简历表""绩效考核表"

本章将学习如何制作简历表、员工绩效考核表等表格。

4.1 打造高颜值简历表

"项目一" 美观实用的表格——简历表

● 项目导入

简历表是将个人学历、经历、特长、爱好及其他相关情况通过表格的形式表现出来的自我介绍方式。与文字表述相比，使用表格展示信息更清晰直观，可以提高求职成功率。

● 项目剖析

简历表通常包括：个人基本情况、学历情况、工作经历和求职意向等内容。下面这个案例系统介绍了表格的制作过程，本项目案例最终效果如图4-1所示。

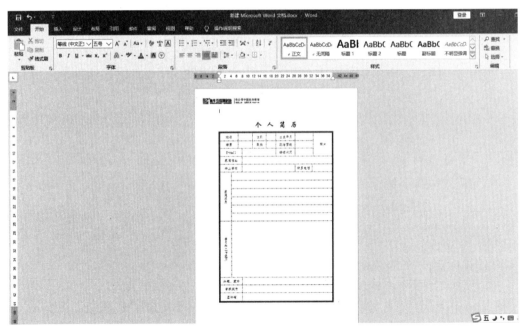

图 4-1 简历表

● 项目制作流程

步骤01 设置标题：新建Word文档，在第一行输入文本"个人简历"将其文本格式设置为"华文新魏、一号、居中"。单击"开始"→"段落"→"中文版式"下三角按钮，将"调整宽度"设置为"6字符"，如图4-2所示。

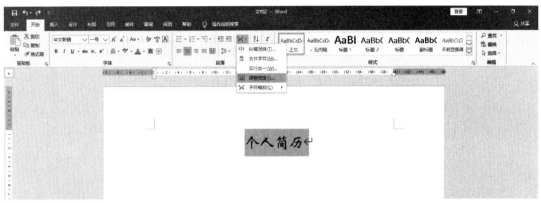

图4-2　设置标题

步骤02 单击"插入"→"表格"，选择"插入表格"，在打开的窗口中设置成行15列7。此时表格的单元格过大，需要选中表格单击"开始"→"字体"→"清除所有格式"，如图4-3所示，此时将恢复为默认格式样式。

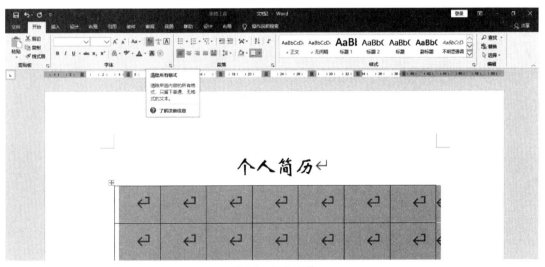

图4-3　插入表格

步骤03 单击第1个单元格输入文本内容"姓名"，按Tab键将光标跳到第3个单元格输入文本"性别"，用此方法依次输入图4-4所示文本。选中"姓名""籍贯"单元格，将光标置于右边线变为左右双向箭头，向左拖动即可缩小被选中单元格的列宽，结果如图4-4所示。

图4-4　输入单元格内容

步骤04 选中"照片"及其下方的共3个相邻单元格，如图4-5所示。单击"表格工具"→"布局"→"合并"→"合并单元格"，也可以右击，在弹出的快捷菜单中选择"合并单元格"，此时选中的3个单元格将被合并成1个单元格。

图4-5　合并单元格

步骤05 将光标移至"毕业学校"下方的单元格，输入文本"家庭成员"，选中"家庭成员"单元格并拖动其右边线，将单元格宽度缩小。单击"表格工具"→"布局"→"对齐方式"→"文本方向"，选择"纵向"，如图4-6所示。

图4-6　设置文本方向

步骤06　选中"家庭成员"右侧的所有单元格，单击"表格工具"→"布局"→"合并"→"拆分单元格"，设置为1列6行，如图4-7所示。

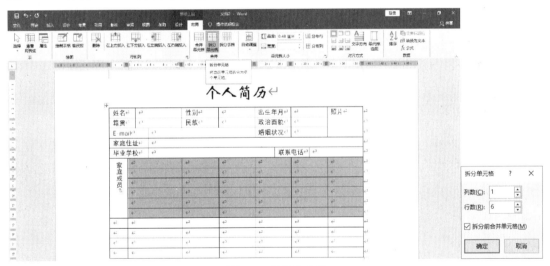

图4-7　拆分单元格

步骤07　按上述方法录入其他文本内容，效果如图4-8所示。

步骤08　按下Ctrl键的同时使用鼠标滚轮，选中表格右下角的小方块，向下拖动直至将表格调整为合适大小，效果如图4-9所示。

步骤09　单击表格左上角的移动句柄选中整个表格。单击"开始"→"字体"，将文本格式设置为"仿宋，小四"。单击"表格工具"→"布局"→"对齐方式"→"水平居中"，此时表格中所有文本将被设置为水平居中效果，如图4-10所示。

图 4-8　表格其他内容

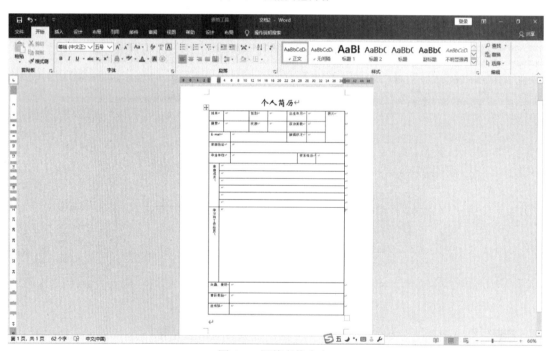

图 4-9　调整表格大小

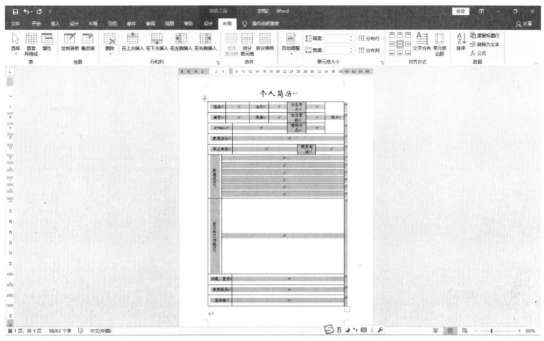

图 4-10　设置文本格式

步骤10 适当调整单元格列宽，使文本在单元格一行显示，效果如图4-11所示。

图 4-11　调整列宽

步骤11 选中表格。单击"表格工具"→"设计"选项卡→"绘图边框"→"笔样式"下三角按钮，选择如图4-12所示上粗下细的双线。再单击"表格样式"→"边框"下三角按钮，选择"外侧框线"，如图4-13所示。

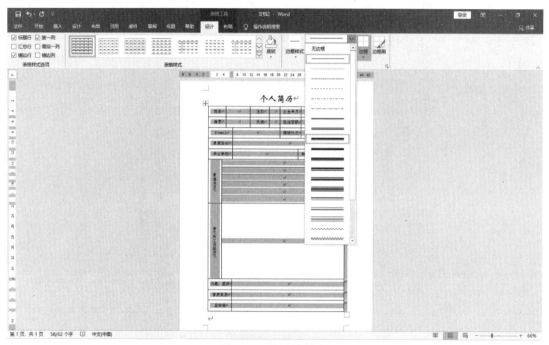

图4-12　设置笔样式

图4-13　设置外侧框线

步骤12 单击"表格样式"→"边框"下三角按钮，选择如图4-14所示的虚线样式。单击"表格样式"→"边框"下三角按钮，选择"内部框线"。

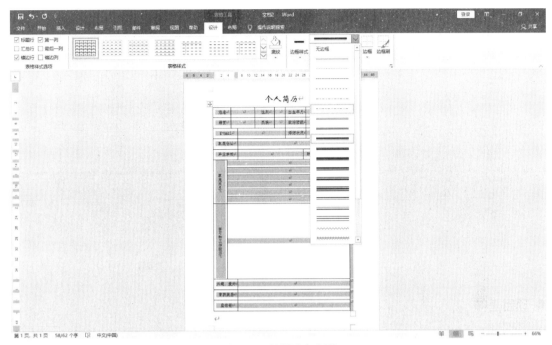

图 4-14 设置内部框线

步骤13 如果是企业提供的简历表则需添加企业Logo。单击"插入"→"插图"→"图片"→"此设备",选择指定的Logo图片,单击"确定"。单击"图片工具"→"格式"→"排列"→"环绕文本"下三角按钮,选择"浮于文本上方",最后将图片适当调整拖动至文档左上角,如图4-15所示。

图 4-15 添加 Logo

步骤14 按下Ctrl键的同时使用鼠标滚轮预览打印效果,至此本案例制作完成,最终效果如图4-16所示。

图 4-16　最终完成效果

● 项目延伸

个人简历属于比较正式的表格，不宜使用太多种颜色，使用同一色系颜色或者黑白灰三色即可。如果需要修改现有表格，则需用到添加/删除行列、合并单元格、拆分单元格等功能，有时候也需要删除表格和表格文本，具体操作方法如下：

- 删除表格、单元格、行、列：选中按Backspace退格键。
- 删除表格内容：选中表格按Delete键。

4.2　员工绩效考核表

"项目二" 美观实用的表格——员工绩效考核表

● 项目导入

绩效考核是企业绩效管理中的一个重要环节，是指考核主体对照工作目标和绩效标准，采用科学客观的考核方式，评定员工的工作完成情况、职责履行程度等，并将评定结果反馈给员工。

● 项目剖析

绩效考核表是对员工的工作业绩、工作能力、工作态度等进行评价和统计的表格，用于判断员工与岗位的要求是否相称，最终效果如图4-17所示。

图4-17 绩效考核表

● 项目制作流程

步骤01 新建Word文档，在第一行输入表格标题"员工绩效考核表"，单击"开始"→"段落"中的"居中对齐"，用空格调整标题文字间距如图4-18所示。

图4-18 设置标题格式

步骤02 创建表格：单击"插入"→"表格"→"表格"下三角按钮，选择"插入表格"，如图4-19所示输入行列数。

图4-19 插入表格

步骤03 如图4-20所示将光标移至各列边框处调整列宽。

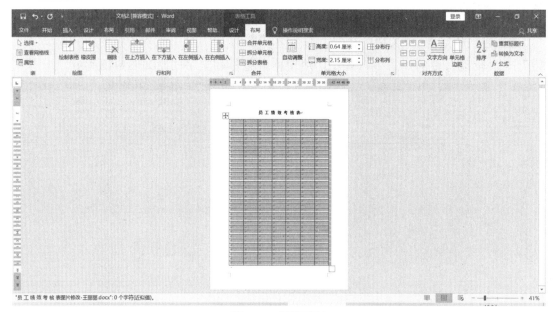

图4-20 调整列宽

步骤04 选中需要合并的单元格，单击"表格工具"→"布局"→"合并"→"合并单元格"，再次调整行高列宽，效果如图4-21所示。

图4-21　合并单元格

步骤05 选中第4行和第5行，单击"表格工具"→"设计"→"边框"→"底纹"下三角按钮设置为"灰色"，并且用同样的方法设置其他单元格，效果如图4-22所示。

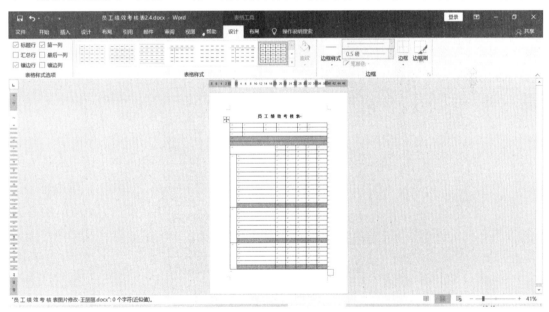

图4-22　设置底纹

步骤06 录入表格文本并进行编辑。单击"表格工具"→"布局"→"对齐方式"→"水平居中"，设置居中对齐，如图4-23所示。

步骤07 选中标题文本"员工绩效考核表"，将字体大小设置为"小二"，再如图4-24所示录入表格落款文本，至此本案例制作完成。

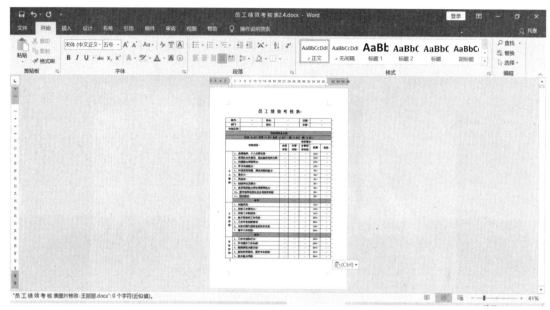

图 4-23　录入表格内容

图 4-24　最后完成效果

● **项目延伸**

绩效考核表格属于企业管理用正式表格，不宜使用过多颜色，添加Logo使用黑白灰三色即可。

第5章

长文档编排的技巧

本章目标

◎ 了解长文档的构成
◎ 掌握替换的技巧
◎ 学会使用"设计"选项卡制作流程图
◎ 学会合同排版

在日常办公中，经常需要编辑一些长文档，如合同书、投标方案、论文、课题报告以及专著等。本章将从"查找替换""结构图""项目符号编号"3个方面介绍长文档的排版技巧。

5.1　无所不能的多样替换

"项目一"无所不能的多样替换——图片和文本的相互替换

● 项目导入

文档只有干巴巴的文本可能会让人觉得很枯燥，如果用小图标或图片来代替某些文本，不但可以直接看到效果，也会提升阅读的感受。需要注意的是在正式场合使用的文档一般不应使用过多的图标。

将文本替换为图片

● 项目剖析

本案例学习如何将文本替换为图片的操作技巧。最终效果如图5-1所示。

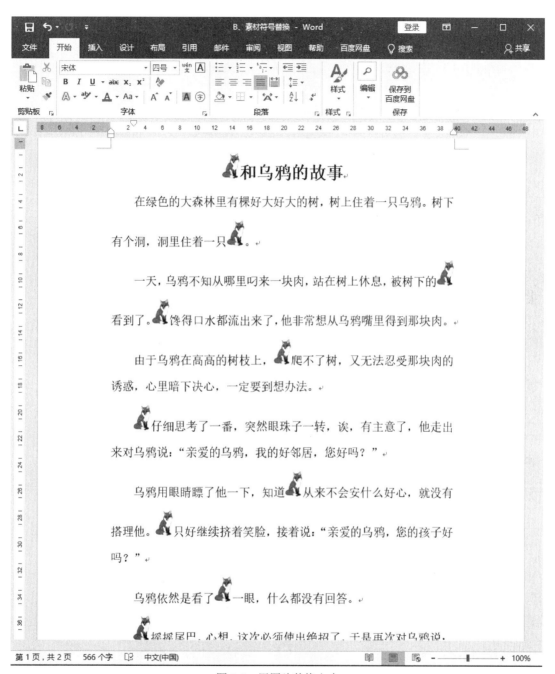

图 5-1　用图片替换文本

● 项目制作流程

步骤01 首先把故事的内容录入到Word文档中，如图5-2所示。

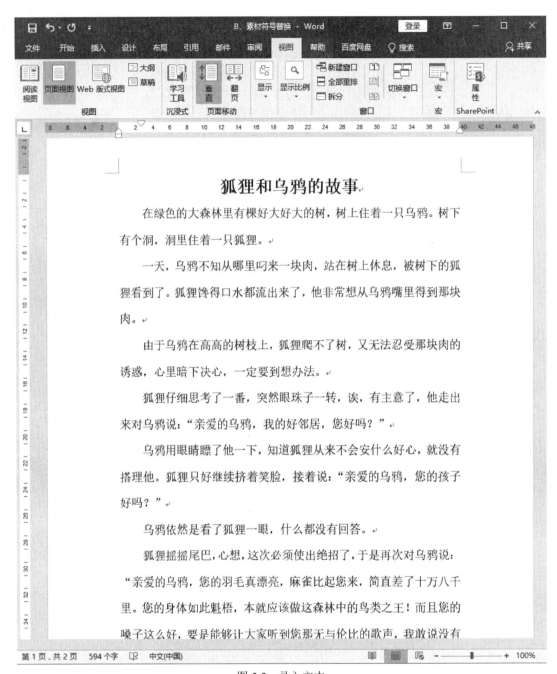

图 5-2　录入文本

步骤02 接下来将"狐狸"文字替换为"狐狸"图片。首先将狐狸的图片插入文档中，选中复制，如图5-3所示。

图 5-3 复制图片

步骤03 单击"开始"→"编辑"→"替换",在"查找内容"列表框中输入"狐狸",如图5-4所示。单击"替换为"列表框,选择"更多"→"特殊格式"→"剪贴板内容",如图5-5所示。

图 5-4 查找替换内容

图 5-5　选择"替换为"的内容

步骤04 此时看到"替换为"对话框中带有"＾c"，最后选择"全部替换"，如图 5-6所示。

图 5-6　全部替换

步骤05 至此本项目案例制作完成，最终效果如图5-7所示。

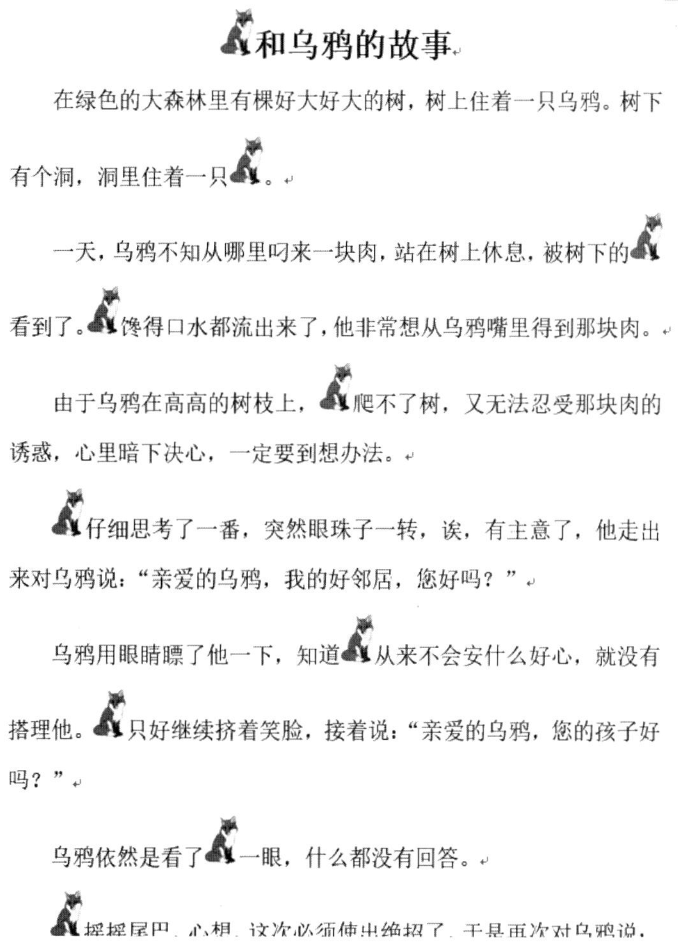

和乌鸦的故事

在绿色的大森林里有棵好大好大的树，树上住着一只乌鸦。树下有个洞，洞里住着一只。

一天，乌鸦不知从哪里叼来一块肉，站在树上休息，被树下的看到了。馋得口水都流出来了，他非常想从乌鸦嘴里得到那块肉。

由于乌鸦在高高的树枝上，爬不了树，又无法忍受那块肉的诱惑，心里暗下决心，一定要到想办法。

仔细思考了一番，突然眼珠子一转，诶，有主意了，他走出来对乌鸦说："亲爱的乌鸦，我的好邻居，您好吗？"

乌鸦用眼睛瞟了他一下，知道从来不会安什么好心，就没有搭理他。只好继续挤着笑脸，接着说："亲爱的乌鸦，您的孩子好吗？"

乌鸦依然是看了一眼，什么都没有回答。

摇摇尾巴，心想，这次必须使出绝招了，于是再次对乌鸦说，

图 5-7　最终完成效果

把图片替换成文本

● 项目剖析

本案例学习如何将图片替换成文本的操作。最终效果如图5-8所示。

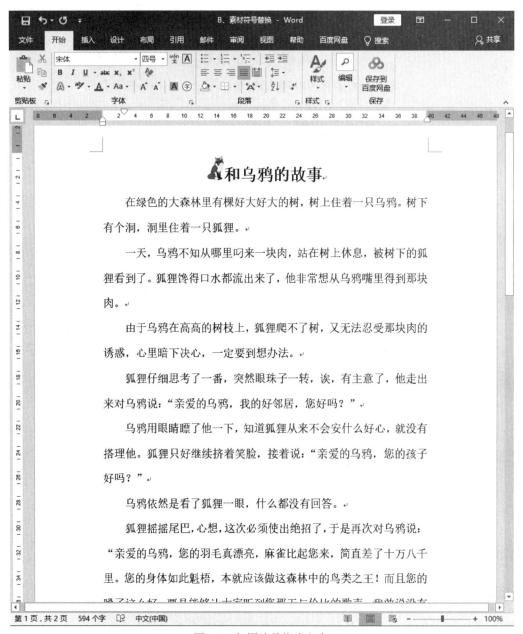

图 5-8　把图片替换成文本

● **项目制作流程**

　步骤01 首先如图5-9所示选取小狐狸的图片。单击右键选择"复制"，单击"开始"→"编辑"→"替换"。

　步骤02 在"查找和替换"对话框中，先在"查找内容"中输入"^g"，然后在"替换为"列表框中输入文本内容"狐狸"，最后单击"全部替换"按钮，如图5-10所示。

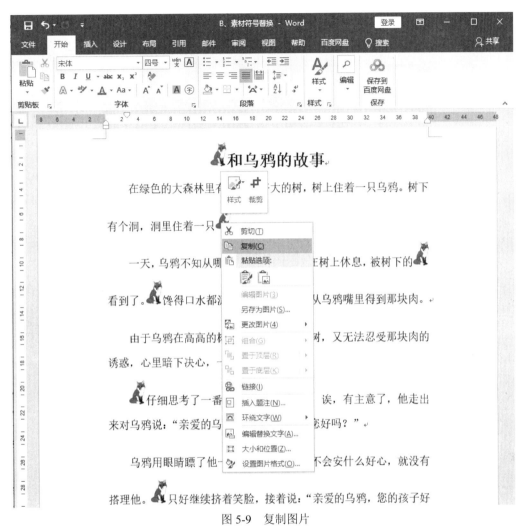

图 5-9　复制图片

图 5-10　替换

步骤03 如有对话框弹出询问"是否查找其他内容",选择"否",否则会连标题一起替换。如果确实想将标题一并替换,则选择"是"即可。替换完成如图5-11所示。

步骤04 至此本案例制作完成,最终效果如图5-12所示。

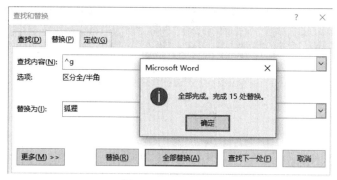

图 5-11　完成替换

🦊和乌鸦的故事

在绿色的大森林里有棵好大好大的树，树上住着一只乌鸦。树下有个洞，洞里住着一只狐狸。

一天，乌鸦不知从哪里叼来一块肉，站在树上休息，被树下的狐狸看到了。狐狸馋得口水都流出来了，他非常想从乌鸦嘴里得到那块肉。

由于乌鸦在高高的树枝上，狐狸爬不了树，又无法忍受那块肉的诱惑，心里暗下决心，一定要到想办法。

狐狸仔细思考了一番，突然眼珠子一转，诶，有主意了，他走出来对乌鸦说："亲爱的乌鸦，我的好邻居，您好吗？"

乌鸦用眼睛瞟了他一下，知道狐狸从来不会安什么好心，就没有搭理他。狐狸只好继续挤着笑脸，接着说："亲爱的乌鸦，您的孩子好吗？"

乌鸦依然是看了狐狸一眼，什么都没有回答。

狐狸摇摇尾巴，心想，这次必须使出绝招了，于是再次对乌鸦说："亲爱的乌鸦，您的羽毛真漂亮，麻雀比起您来，简直差了十万八千里。您的身体如此魁梧，本就应该做这森林中的鸟类之王！而且您的

图 5-12　最终完成效果

● 项目延伸

　　"查找替换"功能不仅可以查找、替换文本，将文本的某种格式替换为其他格式，还可以查找、替换段落标记、分页符和其他符号，可使用通配符和代码进行扩展搜索。

:::::::::: 5.2　组织结构图（流程图）::::::::::

"项目二"长文档排版——流程图

● 项目导入

　　文档中会经常使用结构图或流程图。

形状流程图

● 项目剖析

　　使用图形表示算法思路是一种非常好的方法。在日常工作中，流程图主要用来说明某一过程，这种过程既可以是生产线上的工艺流程，也可以是完成某项工作所必须的管理流程。本项目案例将学习"形状流程图"的制作方法，效果如图5-13所示。

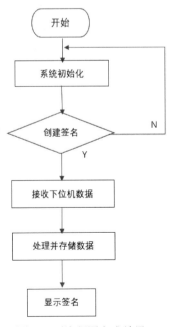

图 5-13　流程图完成效果

● **项目制作流程**

步骤01 启动Word 2019，单击"插入"→"插图"→"形状"下三角按钮，如图5-14所示。单击选中需要插入的形状，在窗口中拖动绘制出一个圆角矩形。按此方法绘制出其他需要的图形。

图 5-14 插入形状

步骤02 选中插入的图形，单击"绘图工具"→"格式"→"形状样式"，参照样张分别修改"形状填充"和"形状轮廓"，如图5-15所示。

步骤03 图形设置完成后，选中图形单击右键选择"添加文本"，输入文本内容"开始"。按此方法对所有的图形进行设置并输入对应的文本内容，如图5-16所示。

步骤04 插入流程图。单击"插入"→"文本"→"文本框"下三角按钮，选择简单文本框，在文本框中输入图5-17所示的文本，再调整文本框大小，单击"绘图工具"→"格式"→"排列"→"环绕文本"下三角按钮，选择"浮于文本上方"。

步骤05 为了保证流程图的完整性，也为了更方便地移动流程图，需要组合流程图中的所有形状图形。操作步骤：先选中其中一个形状，按住Shift键或Ctrl键，依次单击流程图中所有形状，将光标移动到所选形状的边框上，此时光标变为 ✛。单击鼠标右键，在弹出的快捷菜单中选择"组合"→"组合"，如图5-18所示，即可对选中的形状进行组合，此时所制作的流程图就成为一个整体了。

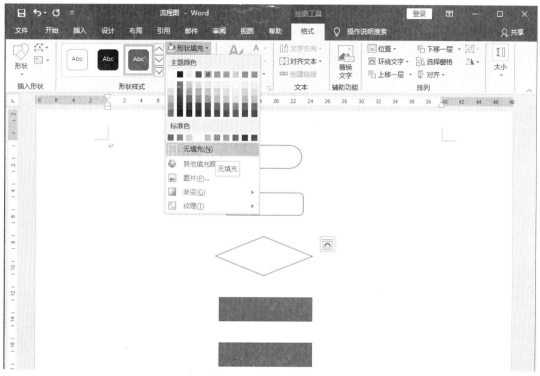

图 5-15　修改形状属性

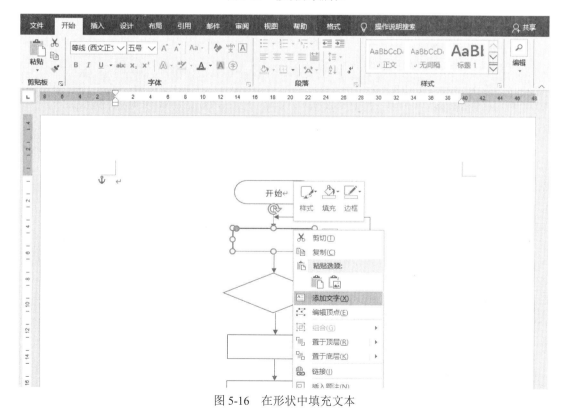

图 5-16　在形状中填充文本

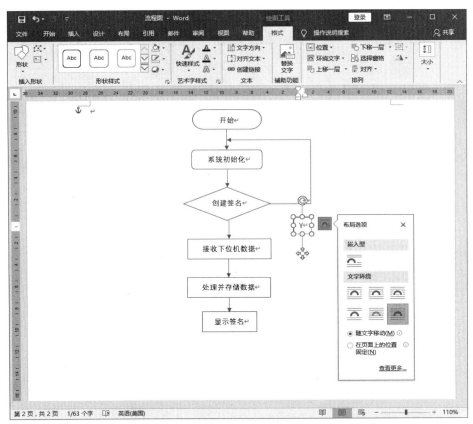

图 5-17　插入文本框并输入文本

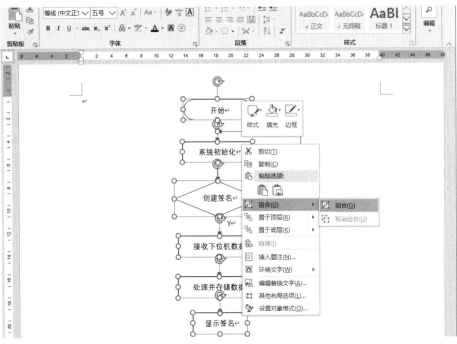

图 5-18　组合流程图

步骤06 至此本案例制作完成，最终效果如图5-19所示。

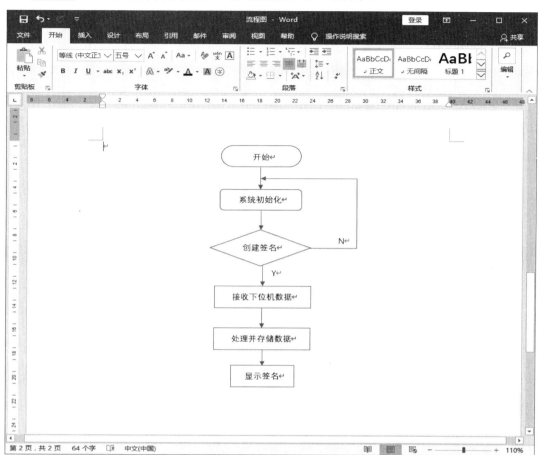

图 5-19　流程图最终效果

SmartArt 流程图

● 项目剖析

本项目案例将学习SmartArt流程图的制作方法，效果如图5-20所示。

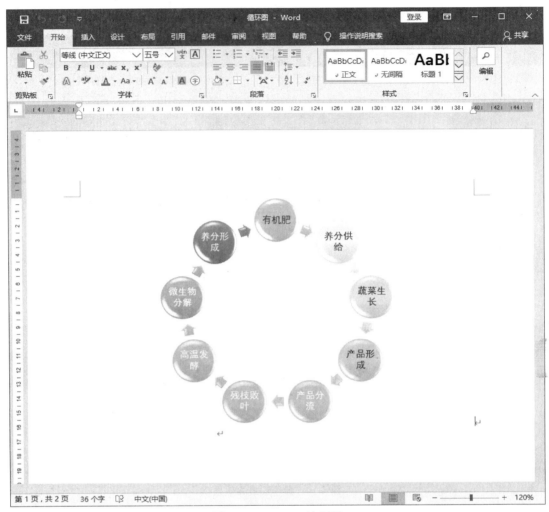

图 5-20　SmartArt 流程图

● **项目制作流程**

步骤01 新建Word文档，单击"插入"→"插图"→"SmartArt"，选择要插入的流程图类型，如图5-21所示。

步骤02 增加流程图项目数量：当插入一个SmartArt流程图，有时会发现其中的项目数量（形状）较少，不够用。此时可以先选中SmartArt流程图，单击"SmartArt工具"→"设计"→"创建图形"→"添加形状"下三角按钮，选择"在后面添加形状"，如图5-22所示，每单击一次就会添加一个形状，本案例添加了9个形状，如图5-23所示。

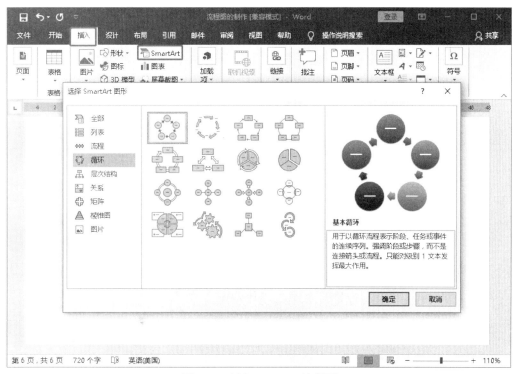

图 5-21　插入 SmartArt 流程图

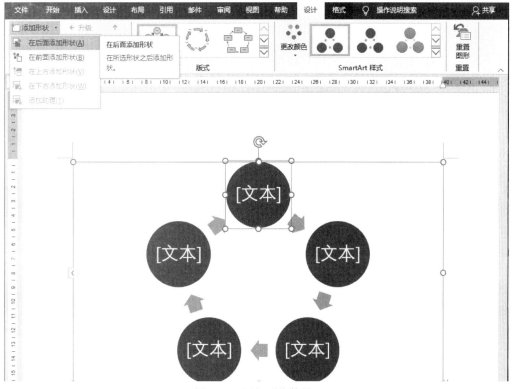

图 5-22　添加形状数量 1

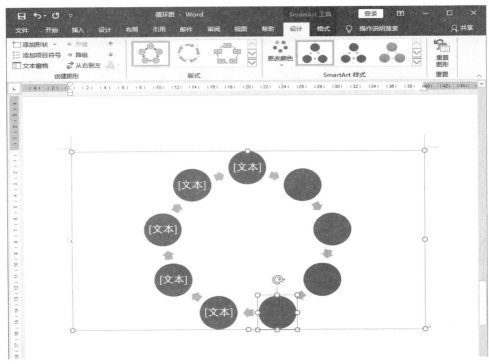

图 5-23　添加形状数量 2

步骤03 文本准备：如图5-24所示在文档中录入形状需要的文本。

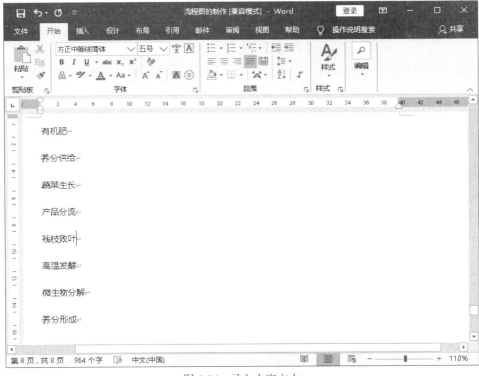

图 5-24　录入内容文本

步骤04 文本填充：将刚录入的文本进行复制。单击"插入"→"插图"→"SmartArt"，选择"循环"中的"基本循环"。单击"SmartArt工具"→"设计"→"创建图形"→"文本窗格"，在弹出的对话框中，将原有的文本全部删除，然后按组合键Ctrl+V粘贴填充内容。此时，SmartArt流程图中形状已被全部自动填充文本，如图5-25所示。

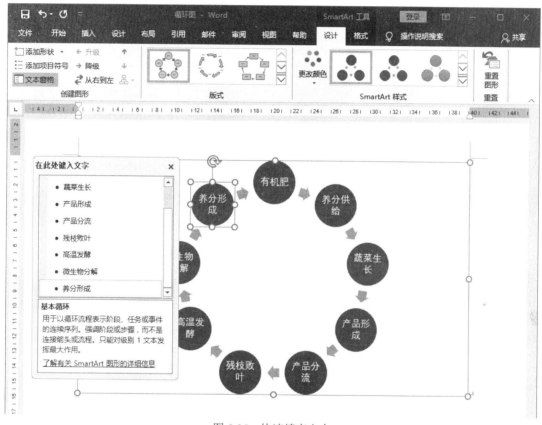

图 5-25 快速填充文本

步骤05 流程图更改颜色：选中该流程图，单击"SmartArt工具"→"设计"→"SmartArt样式"→"更改颜色"下三角按钮，如图5-26所示选择颜色，还可以单击"SmartArt样式"下三角按钮选择其他SmartArt样式。

步骤06 更改文本颜色：选中需要更改颜色的文本"有机肥"，再按Ctrl键依次选中其他的文本"养分供给""蔬菜生长""产品形成"和"产品分流"。单击"开始"→"字体"→"字体颜色"下三角按钮将文本颜色更改为黑色，如图5-27所示。

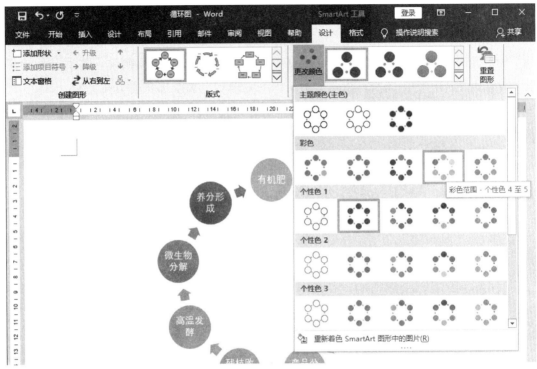

图 5-26　更改流程图颜色

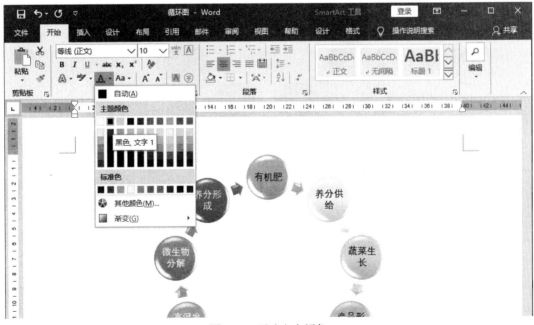

图 5-27　更改文本颜色

步骤07 至此案例制作完成，最终效果如图5-28所示。

图 5-28　SmartArt 流程图最终效果

● **项目延伸**

　　SmartArt图形可以使文本之间的关联性展现得更加清晰、更加生动，在做文案、报告时，更容易因其别具一格得到更多关注。

5.3　合同排版（项目符号或编号）

"项目三"长文档编排——二手房买卖合同

● **项目导入**

　　合同是平等主体的自然人、法人、其他组织之间设立、变更、终止民事权利义务关系的协议。依法订立的合同受法律保护。

　　合同有书面形式、口头形式和其他形式，法律、行政法规规定要求采用书面形式的应采用书面形式。

● **项目剖析**

　　合同中通常会包含很多条款，因此多采用项目符号和编号进行排版。项目符号和编号出现在文本段落段首，起到文档条理清晰、重点突出的作用。合理使用项目符号和编号，还可以提高文档的编辑速度。现有一份《二手房买卖合同样本》，需要进行排版，将内容条理清晰地展现出来。

　　本项目案例最终效果如图5-29所示。

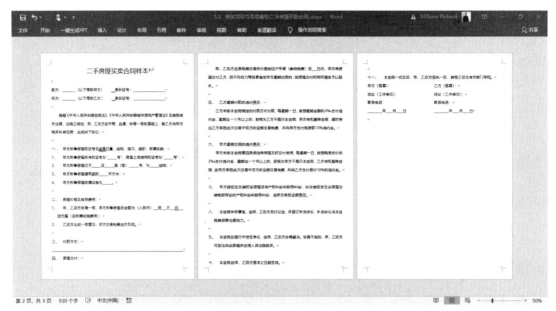

图 5-29　合同样本

● **项目制作流程**

步骤01 将光标移至"甲方所售房屋权证号…"行左侧单击，再将光标移至"房屋价格及其他费用"行，按住Ctrl键同时单击左键，如图5-30所示。

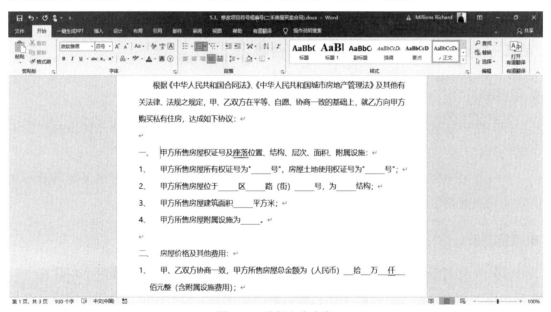

图 5-30　选择文本内容

步骤02 单击"开始"→"段落"→"编号"下三角按钮，在"编号库"中选择对应编号，如图5-31所示。

图 5-31　选择编号

步骤03 设置二级标题：此处可以使用编号也可以使用项目符号。使用项目符号的步骤为：光标移至"甲方所售房屋所有权证为…"行左侧，单击左键向下拖动选中"甲方所售房屋附属设施为…"所在的行，此时将选中从"甲方所售房屋所有权证为…"到"甲方所售房屋附属设施为…"的4行。单击"开始"→"段落"→"项目符号"下三角按钮，在"项目符号库"中选择要使用的符号样式，如图5-32所示。

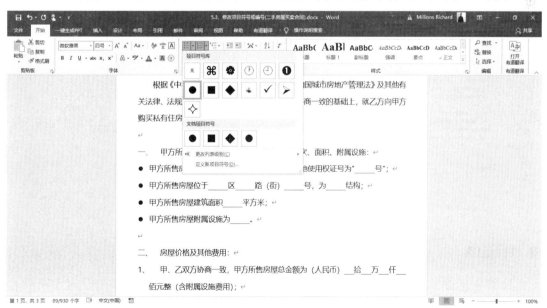

图 5-32　选择项目符号样式

使用编号的步骤为：选中从"甲方所售房屋所有权证为…"到"甲方所售房屋附

属设施为…"所在的行，单击"开始"→"段落"→"编号"下三角按钮，在"编号库"中选择要使用的样式，如图5-33所示。

图 5-33　选择编号样式

步骤04 至此本案例制作完成，最终效果如图5-34所示。

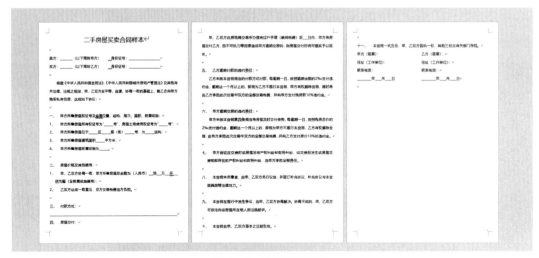

图 5-34　最终完成效果

● **项目延伸**

日常生活中比较常见的合同类型有：借款合同、买卖合同、劳动合同、租赁合同等。

第6章

Word 的高级应用

本章目标

◎ 掌握利用邮件合并进行批处理的方法
◎ 学会使用"设计"选项卡设计邀请函
◎ 掌握文本框、艺术字、图形、图片的综合应用
◎ 掌握火锅菜单的制作方法
◎ 熟练掌握目录的编排
◎ 熟练掌握页眉页脚页码的编排
◎ 学会快速将Word文档导入PowerPoint中

本章将学习使用"邮件合并"进行批处理的高级应用技巧，综合使用文本框、艺术字、图形和图片等制作邀请函、火锅菜单等，学会使用页眉页脚和目录的编排方法，以及快速将Word文档导入PowerPoint中的技巧。

6.1 批量制作"学生素质评价报告单"

"项目一"Word 精美文档应用——"学生素质评价报告单"

● 项目导入

"学生素质评价报告单"就是将学生的各科成绩和综合能力评价体现在一张表格中，通常和"放假通知"一起发给家长。

● 项目剖析

本项目案例将使用邮件合并功能从报告单模板的制作到全部报告单的批量生成进行全流程展示，最终效果如图6-1和图6-2所示。

图6-1 "学生素质评价报告单"

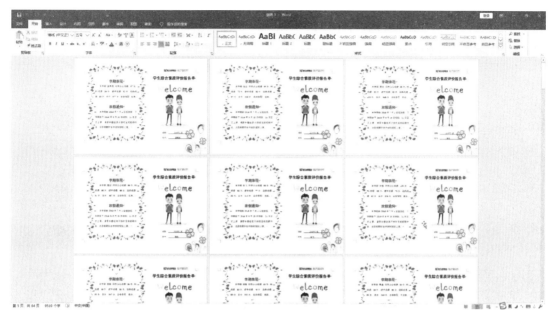

图6-2　批量生成的"学生素质评价报告单"

● **项目制作流程**

步骤01 新建Word文档，单击"布局"→"页面设置"→"纸张方向"下三角按钮，选择横向，如图6-3所示。

图6-3　设置纸张方向

步骤02 单击"插入"→"插图"→"图片"下三角按钮，选择"此设备"，插入素材文件中的Logo图片。选中这个图片，单击"图片工具"→"格式"→"排列"→"环绕文本"下三角按钮，选择"浮于文本上方"，调整位置大小并移至文档右侧，如图6-4所示。

步骤03 单击"插入"→"文本"→"艺术字"下三角按钮，选择第一个艺术字样式，如图6-5所示。输入文本内容"学生素质评价报告单"，设置字体格式为"等线、小一、加粗"，如图6-6所示。

图 6-4　设置图片格式

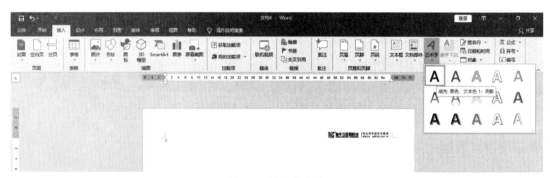

图 6-5　插入艺术字

图 6-6　设置艺术字格式

步骤04 单击"插入"→"插图"→"图片"下三角按钮，选择"此设备"，插入素材文件中的人物图片。单击"格式"→"排列"→"环绕文本"下三角按钮，选择"衬于文本下方"，适当调整大小。单击"图片工具"→"格式"→"大小"→"裁剪"，向上调整图片的黑色线框去掉左下角的网址水印，再次单击"裁剪"完成裁剪，如图6-7所示。

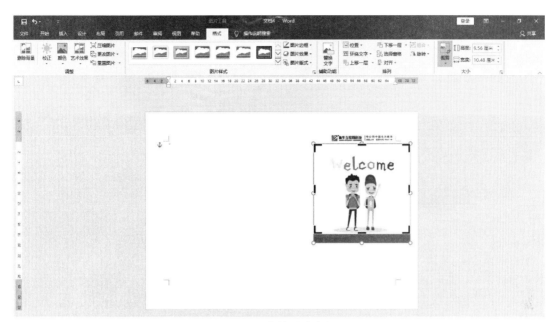

图6-7 裁剪图片大小

步骤05 单击"插入"→"文本"→"文本框"下三角按钮，选择简单文本框，绘制一个文本框并输入文本内容"班级：姓名："，如图6-8所示。光标移至"："后按组合键Ctrl+U然后按空格，效果如图6-8所示。最后在文本框的边框线处单击选中文本框。单击"格式"→"形状样式"→"形状轮廓"下三角按钮，选择"无轮廓"。

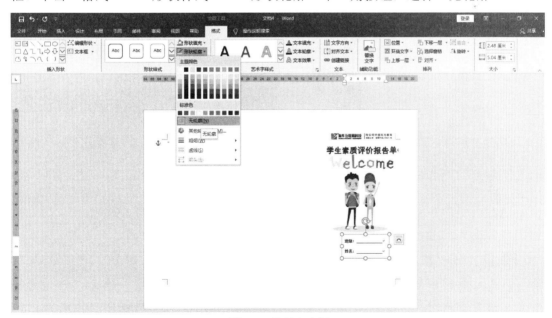

图6-8 绘制文本框

步骤06 单击"插入"→"插图"→"图片"下三角按钮，选择"此设备"，插入素材文件中的花朵图片。单击"图片工具"→"格式"→"排列"→"环绕文本"下三角按钮，选择"浮于文本上方"，将图片缩小移至图6-9所示位置。选中图片，单击"图片工具"→"格式"→"调整"→"校正"下三角按钮，按照如图6-9所示的亮度对比度调节图片亮度。

图6-9　调节图片亮度

步骤07 选中"姓名"文本框，单击"绘图工具"→"格式"→"形状样式"→"形状填充"下三角按钮，选择"无填充"，如图6-10所示。

图6-10　填充形状

步骤08 选中图片，单击"图片工具"→"格式"→"调整"→"删除背景"，在此窗口中粉色的部分将被删除，原色的部分将被保留。单击"标记要保留的区域"，在需要保留的部分画线，编辑完成后单击"保留更改"，如图6-11所示。

图6-11 删除背景

步骤09 单击"插入"→"文本"→"文本框"下三角按钮，选择简单文本框，输入图6-12所示文本，将"学期表现"文本格式设置为"红色、二号、加粗、居中"。选中"学期表现"，单击"开始"→"剪贴板"→"格式刷"，再选中"放假通知"即可将"学期表现"的字体格式复制过来。单击"格式"→"形状样式"→"形状轮廓"下三角按钮，选择"无轮廓"，效果如图6-12所示。

图6-12 设置文本框

步骤10 单击"插入"→"插图"→"图片"下三角按钮，选择"此设备"，插入素材文件中的花边图片。单击 "图片工具"→"格式"→"排列"→"环绕文本"下三角按钮，选择"衬于文本下方"。单击"图片工具"→"格式"→"裁剪"→"裁剪"，将图片下方的水印裁剪掉，如图6-13所示。

图 6-13　设置边框

步骤11　选中"学期表现"文本框，单击"绘图工具"→"格式"→"形状样式"→"形状填充"下三角按钮，选择"无填充"，如图6-14所示。

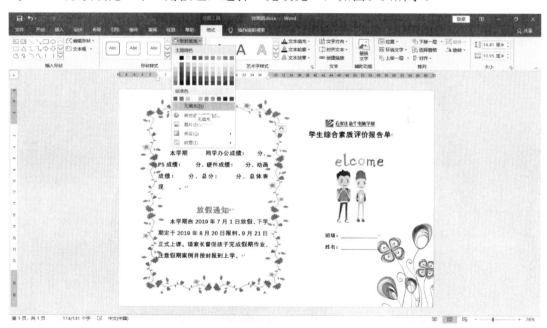

图 6-14　填充形状

步骤12 单击"插入"→"插图"→"形状"下三角按钮，选择直线，按住Shift键绘制直线。选中直线。单击"格式"→"形状样式"→"形状轮廓"→"虚线"，选择如图6-15所示虚线。再次单击"格式"→"形状样式"→"形状轮廓"下三角按钮，选择"红色"。至此报告单模板制作完成。

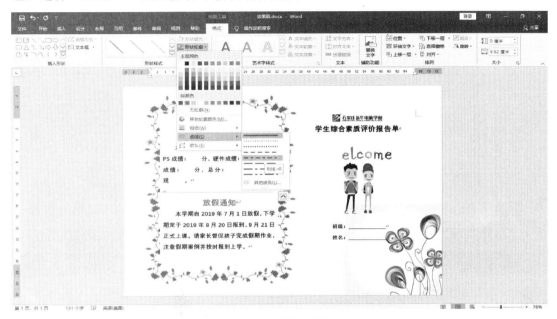

图 6-15　设置分隔线

步骤13 单击"邮件"→"开始邮件合并"→"邮件合并分布向导"，将打开邮件合并的窗口，如图6-16所示。

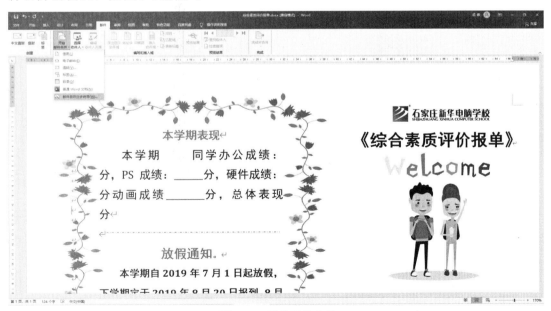

图 6-16　开始邮件合并

步骤14 单击"下一步",再次单击"下一步",在"选择收件人"中单击"浏览",如图6-17所示选择数据源(也就是包含数据的Excel表,此表需要提前输入,具体数据可见图6-22)单击"确定"。单击"下一步:撰写信函"。

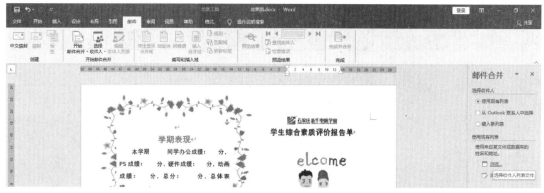

图6-17 选择收件人

步骤15 此步骤需将光标移至数据区域,如"班级"后,再单击"其他项目",单击"班级"→"插入"→"关闭",此时班级内容已经添加进来,如图6-18所示。

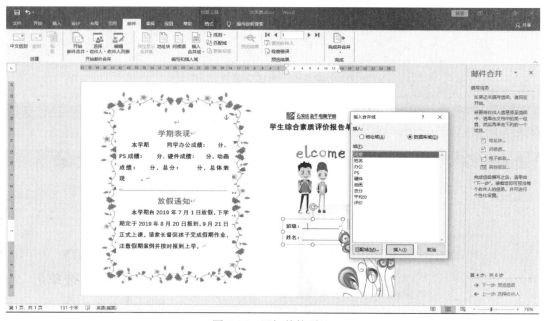

图6-18 添加其他项目

步骤16 依次用同样的方法把其他需要的项目添加进来。单击"下一步:预览信函",如图6-19所示。如果发现有问题则需单击"上一步"进行修改,没问题即可单击"下一步:完成合并"。

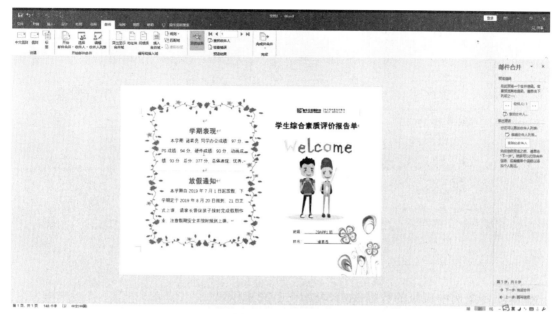

图 6-19　预览信函

步骤17 单击"编辑单个信函"→"全部"→"确定"，如图6-20所示。此时班级所有学生的数据都已经生成，可直接保存或打印，如图6-21所示。

图 6-20　编辑单个信函

Office 2019高效办公应用实战

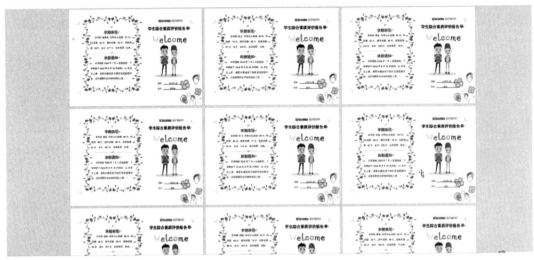

图 6-21　最终完成效果

本项目案例中班级的数据Excel表如图6-22所示。

班级	姓名	办公	PS	硬件	动画	总分	平均分	评价
20APP1班	诸葛亮	97	94	93	93	377	94	优秀
20APP1班	赵云	80	73	69	87	309	77	合格
20APP1班	黄忠	85	83	80	100	348	87	良好
20APP1班	魏延	88	99	99	81	367	92	优秀
20APP1班	张飞	89	62	77	85	313	78	合格
20APP1班	刘备	100	68	76	82	326	82	良好
20网传1班	庞统	86	88	80	93	347	87	良好

图 6-22　案例数据 Excel 表

● 项目延伸

制作评价报告单分3个步骤：①准备好学生名单；②设计制作评价报告单模板；③使用Word的邮件合并功能将事先准备好的学生名单批量导入。

102

6.2　邀请函批处理

"项目二" Word 精美文档应用——邀请函

● 项目导入

　　邀请函是邀请亲朋好友或知名人士、专家等参加某项活动时所发的约请性信函。在国际交往以及日常的各种社交活动中此类函件使用很广泛，商务活动邀请函就是邀请函的一个重要分支。

● 项目剖析

　　商务活动邀请函的正文是指商务活动主办方正式告知被邀请方举办活动的目的、具体事项及要求，说明活动的日程安排、时间、地点，并向被邀请方发出明确诚恳的邀请。

　　正文以常用的邀请用语结尾，如"敬请光临""欢迎光临"等。商务活动邀请函的主体内容采用邀请函的一般结构，由标题、称谓、正文、落款组成，应简洁明了，不需过多内容。模板和批量邀请函文件的最终效果如图6-23和图6-24所示。

图 6-23　邀请函

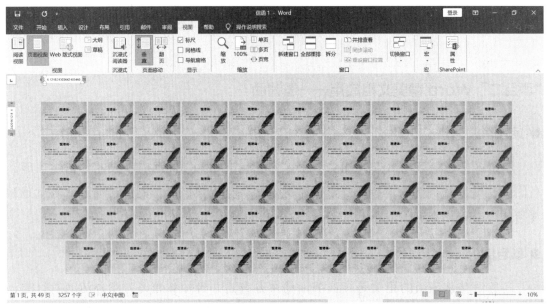

图 6-24　批量制作邀请函

● 项目制作流程

步骤 01 首先将被邀请人名单录入Excel文档中，命名为"被邀请姓名列表.xlsx"。然后打开素材文件邀请函文本素材.docx，如图6-25所示。

图 6-25　打开素材文件

步骤 02 单击"布局"→"页面设置"→"纸张方向"，选择"横向"，将纸张方向设置为横向，如图6-26所示。

图 6-26　设置纸张方向

步骤03 单击"插入"→"插图"→"图片"下三角按钮，选择背景图片插入，如图6-27所示。

图 6-27　选择背景图片

步骤04 选中此图片，单击"图片工具"→"格式"→"排列"→"环绕文本"下三角按钮，选择"衬于文本下方"，如图6-28所示。

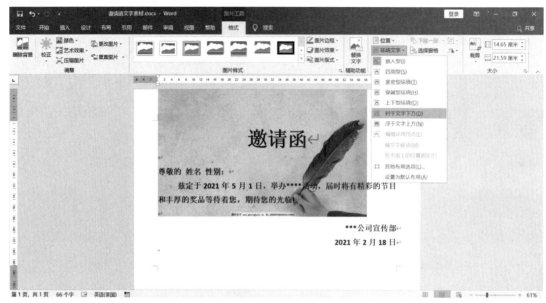

图 6-28　设置图片格式

步骤05 调整图片大小，如图6-29所示。

图 6-29　调整图片大小

步骤06 单击"邮件"→"开始邮件合并"下三角按钮，选择"普通Word文档"，如图6-30所示。

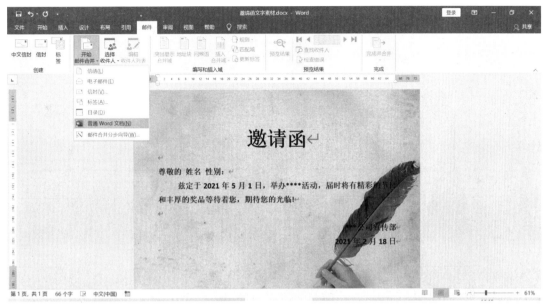

图6-30　开始邮件合并

步骤07 选择收件人：单击"使用现有列表"，选择**步骤01**中准备好的文件"邀请函姓名列表.xlsx"，如图6-31所示。

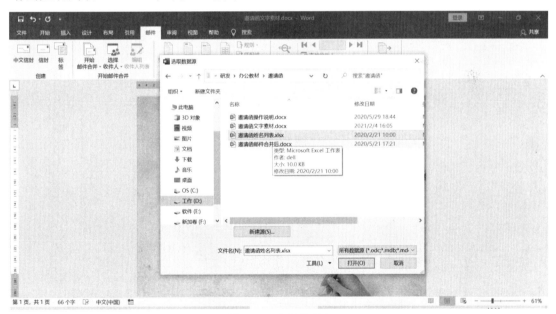

图6-31　选择收件人

步骤08 选中"姓名"位置，单击"邮件"→"插入合并域"→"姓名"，如图6-32所示。

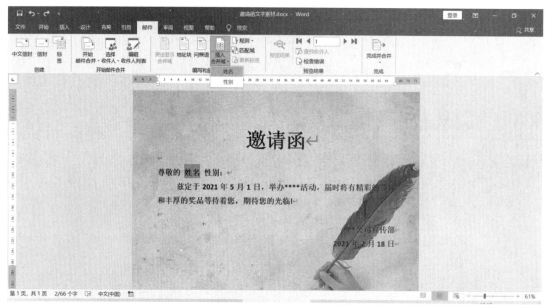

图 6-32　插入合并域"姓名"

步骤09 选中"性别"位置，单击"邮件"→"插入合并域"→"性别"，如图 6-33所示。

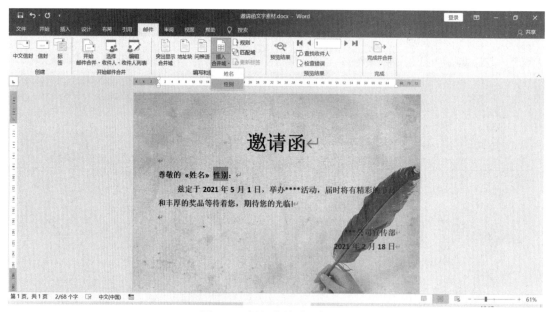

图 6-33　插入合并域"性别"

步骤10 单击"预览结果"，结果如图6-34所示。

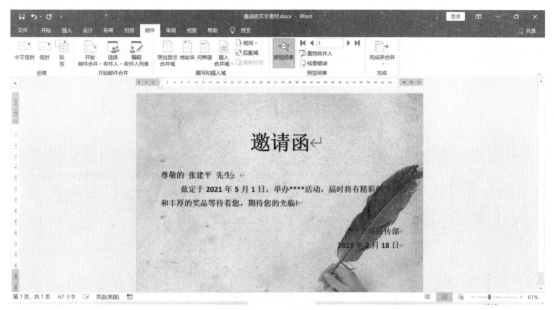

图 6-34　预览结果

步骤11 单击"邮件"→"完成并合并"→"编辑单个文档"，如图6-35所示。

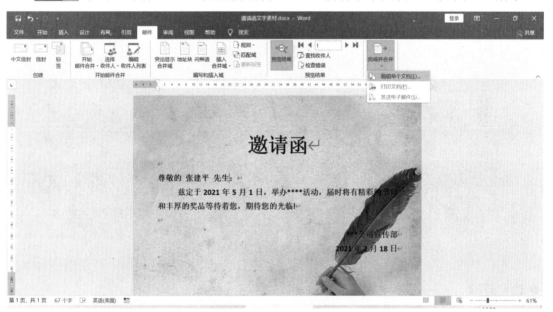

图 6-35　完成并合并

步骤12 合并到新文档，选择全部，单击"确定"，如图6-36所示。

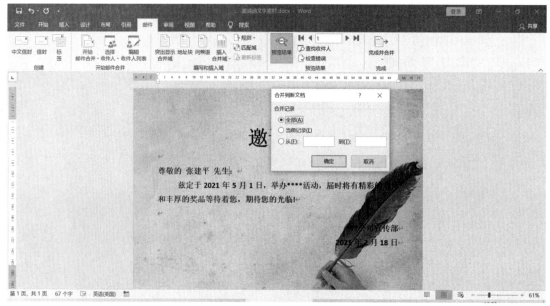

图 6-36　合并到新文档

步骤13 按Ctrl键的同时使用鼠标滚轮可调整视图大小，最终效果如图6-37所示，至此所有邀请函制作完成。

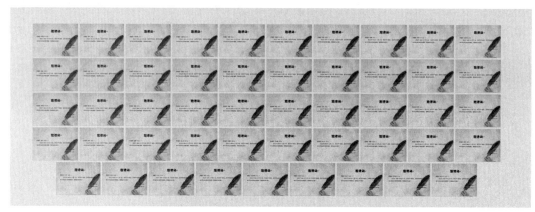

图 6-37　最终完成效果

● **项目延伸**

数据源准备：导入的数据源可以是Word表格也可以是Excel表格，注意数据源最好不要添加表格标题。

6.3　火锅菜单制作

"项目三"Word 精美文档应用——制作火锅菜单

● 项目导入

　　菜单是介绍菜品、服务与价格等内容的印刷品，是餐厅的"名片"，其设计效果直接体现该餐饮店的特色与实力，并以此吸引更多顾客前来消费。

● 项目剖析

　　使用Word制作火锅菜单，既简单又高效。本项目案例最终效果如图6-38所示。

图 6-38　火锅菜单最终效果

● 项目制作流程

　　步骤01 新建Word文档，单击"布局"→"页面设置"→"纸张方向"，选择"横向"，如图6-39所示。

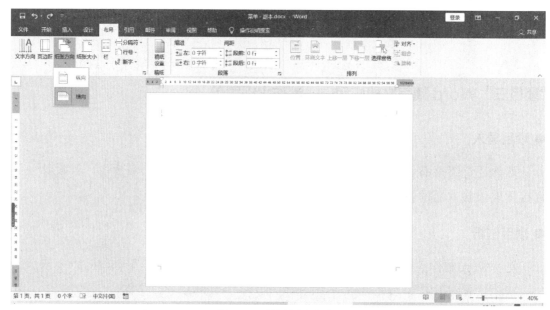

图 6-39　设置纸张方向

步骤02 设置页面边框：单击"设计"选项卡→"页面设置"→"页面边框"，参数设置如图6-40所示。

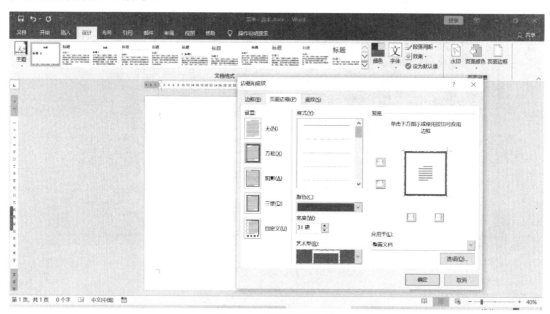

图 6-40　设置页面边框

步骤03 设置页面背景：单击"设计"→"页面颜色"→"填充效果"→"纹理"，选择"纸莎草纸"，如图6-41所示。

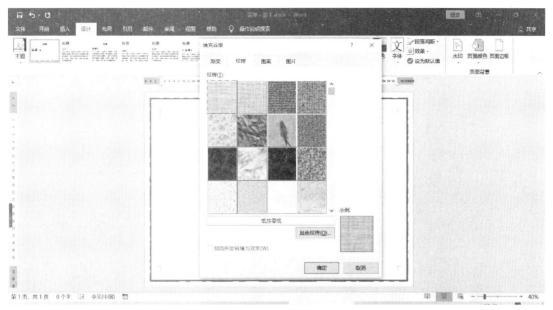

图6-41　设置页面背景

步骤04　单击"插入"→"文本"→"艺术字"，输入文本，如图6-42所示，位置如图6-43所示。

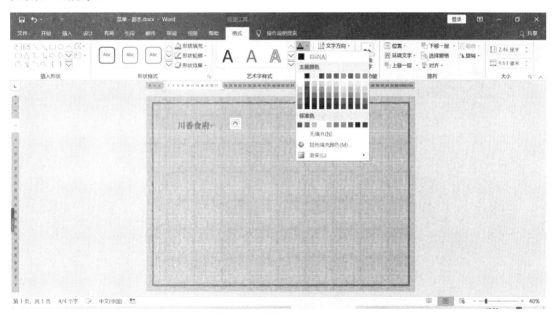

图6-42　设置艺术字格式

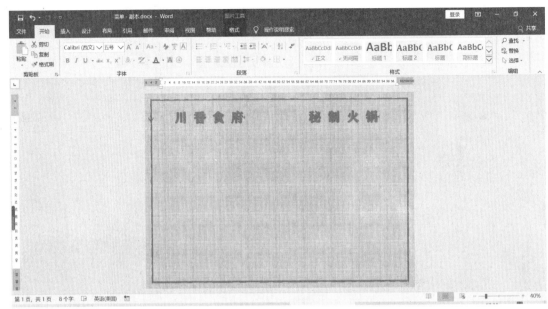

图 6-43　艺术字文本

步骤05 单击"插入"→"插图"→"图片"下三角按钮，插入素材图片，调整图片大小和位置，如图6-44所示。

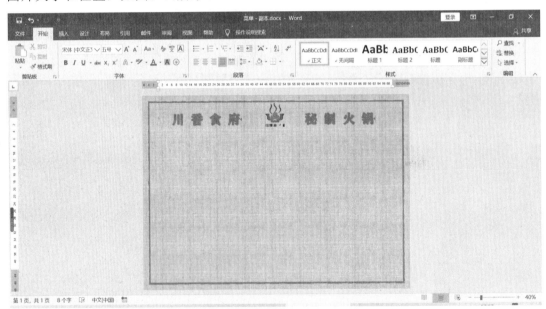

图 6-44　调整图片大小和位置

步骤06 单击"插入"→"形状"，选择"矩形"插入。单击"格式"→"形状样式"→"形状填充"下三角按钮，如图6-45所示设置填充颜色。

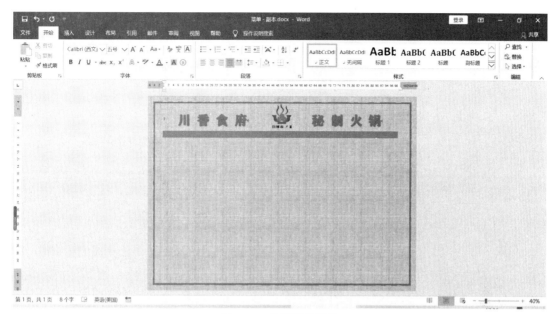

图6-45　设置形状颜色

步骤07 单击"插入"→ "图片"下三角按钮,插入素材图片,调整图片大小和位置,如图6-46所示。

图6-46　调整图片大小和位置

步骤08 按住Shift键选中所有图片。单击 "格式"→ "排列"→ "对齐"选择 "垂直居中",再次选择"对齐"中的"横向分布",如图6-47所示。

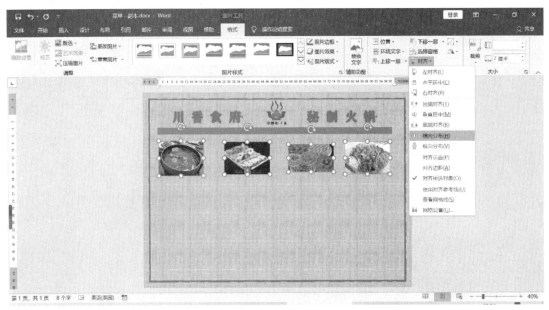

图 6-47　对齐图片

步骤09 单击"插入"→"文本"→"艺术字"，输入内容"火锅底料/蘸料"，设置字体格式为"方正粗黑宋简体、小一、红色"，如图6-48所示。

图 6-48　设置艺术字

步骤10 插入准备好的素材文本，选中文本。单击"开始"→"段落"右下角→"段落"→"制表位"，设置制表位为14字符位置添加一个含有前导符的右对齐制表位，如图6-49所示。

116

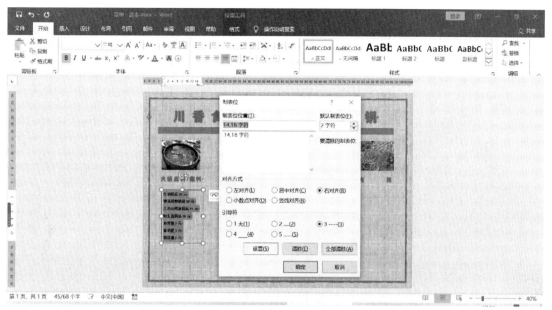

图6-49 设置制表位

步骤11 光标移至价格前，按TAB键实现如图6-50效果。

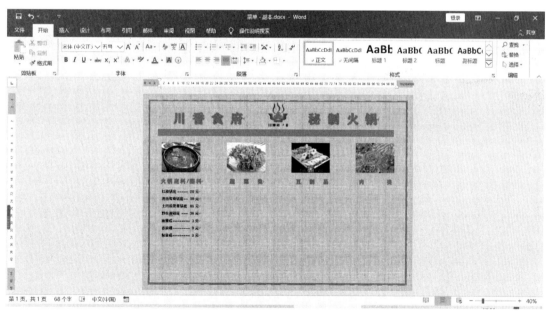

图6-50 录入价格

步骤12 按照上面操作方法，完成蔬菜类、豆制品和肉类的价格清单，如图6-51所示。

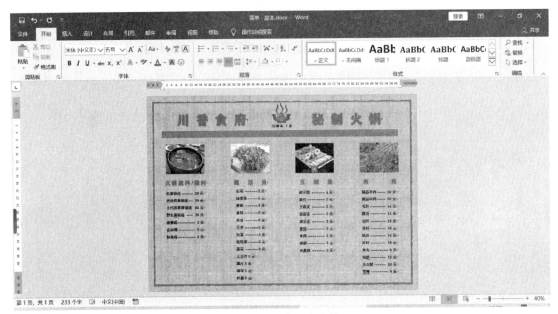

图 6-51 对齐所有价格

步骤13 单击"插入"→"插图"→"图片"插入素材图片。单击"插入"→"文本"→"艺术字",输入文本"好味道吃出来",设置字体大小和颜色,如图6-52所示。

图 6-52 输入艺术字文本

步骤14 选中艺术字"好味道吃出来",单击"格式"→"艺术字样式"→"文本效果"→"转换"→"跟随路径",选择"上弯弧"。最终效果如图6-53所示。

图 6-53　最终完成效果

● 项目延伸

在设计菜单时应注意以下事项：

1.菜单的形式。菜单可分为悬挂式菜单和桌式菜单，现在的多数餐厅使用的都是桌式菜单。

2.制作菜单的材料。餐厅菜单的使用周期不同，菜单的制作材料也不同。

3.菜单的字体。文本所占版面过大会让人有太过紧凑的感觉，所占版面过小又会使人感觉菜品种类不够齐全，可以选择的太少。字体的颜色最好是黑色或醒目的红色。

4.菜单色彩的选择。如果想要营造一种浪漫、幽静的氛围，制作菜单时可以选择天蓝色、米黄色和浅褐色；如果用于普通的快餐厅，可以选择色彩比较鲜艳的颜色。

5.菜名配有图片。相比单调的文本说明，图片的呈现效果更直观，传达的信息更丰富，图文并貌的菜单可以更好地帮助顾客选餐，进一步增加餐厅收益。

6.4 自动快速生成目录

“项目四”Word的高级应用——目录

● 项目导入

目录按照一定的次序编排而成，具有指导阅读、检索图书的功能。

● 项目剖析

长文档材料通常都有目录。但手动添加的目录费事劳神，尤其是后期更新，需要手动进行页码的更改，非常烦琐，下面介绍自动生成目录的制作过程，最终效果如下图6-54所示。

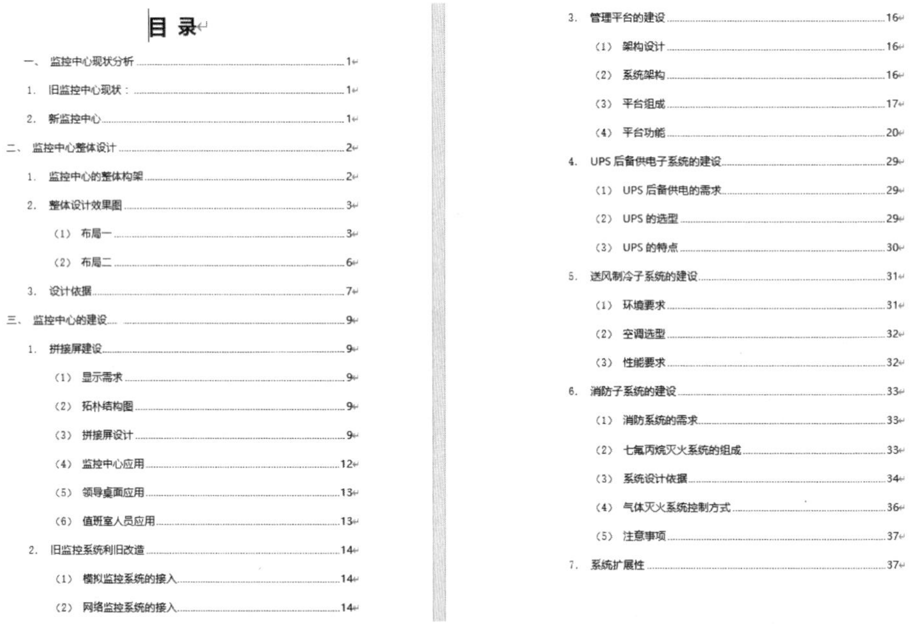

目录

一、监控中心现状分析 1
1. 旧监控中心现状： 1
2. 新监控中心 1
二、监控中心整体设计 2
1. 监控中心的整体构架 2
2. 整体设计效果图 3
（1）布局一 3
（2）布局二 6
3. 设计依据 7
三、监控中心的建设 9
1. 拼接屏建设 9
（1）显示需求 9
（2）拓朴结构图 9
（3）拼接屏设计 9
（4）监控中心应用 12
（5）领导桌面应用 13
（6）值班室人员应用 13
2. 旧监控系统利旧改造 14
（1）模拟监控系统的接入 14
（2）网络监控系统的接入 14
3. 管理平台的建设 16
（1）架构设计 16
（2）系统架构 16
（3）平台组成 17
（4）平台功能 20
4. UPS后备供电子系统的建设 29
（1）UPS后备供电的需求 29
（2）UPS的选型 29
（3）UPS的特点 30
5. 送风制冷子系统的建设 31
（1）环境要求 31
（2）空调选型 32
（3）性能要求 32
6. 消防子系统的建设 33
（1）消防系统的需求 33
（2）七氟丙烷灭火系统的组成 33
（3）系统设计依据 34
（4）气体灭火系统控制方式 36
（5）注意事项 37
7. 系统扩展性 37

图6-54　自动生成的目录

● 项目制作流程

步骤01 打开本案例素材文件，设置标题样式：选中“目录”，在“开始”→“样式”→“标题1”位置右击选择“修改”，如图6-55所示。

步骤02 修改标题字体，参数如图6-56所示。

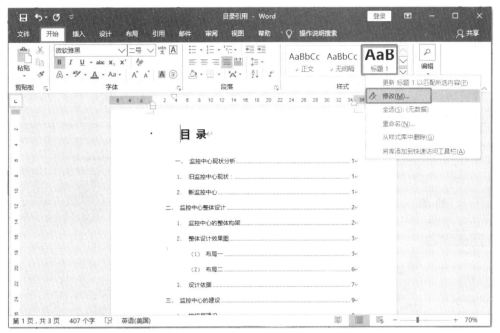

图 6-55　设置标题样式

图 6-56　修改标题字体及字号

步骤03 修改标题段落格式，参数如图6-57、图6-58所示。

步骤04 如图6-59所示是编写了章节名称的文档。

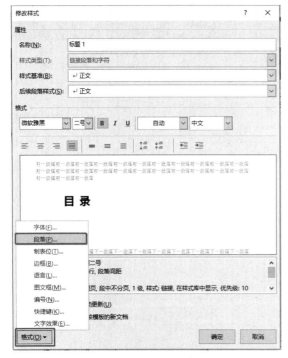

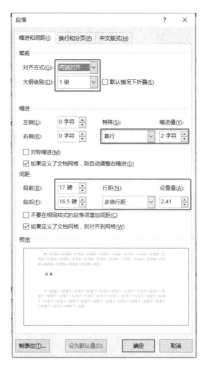

图 6-57 修改标题段落格式 1　　　　　　　　图 6-58 修改标题段落格式 2

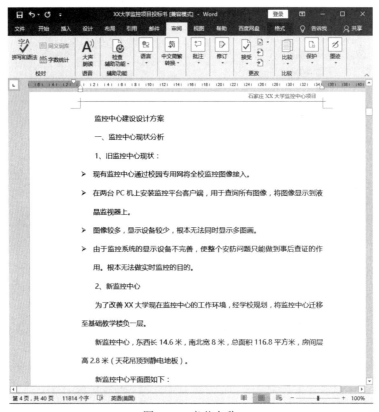

图 6-59 章节名称

步骤05 选中章名或节名，再分别单击对应的标题选项如：“标题1”“标题2”“标题3”……，将所有章节名全部格式化为对应级别的标题样式，如图6-60所示。

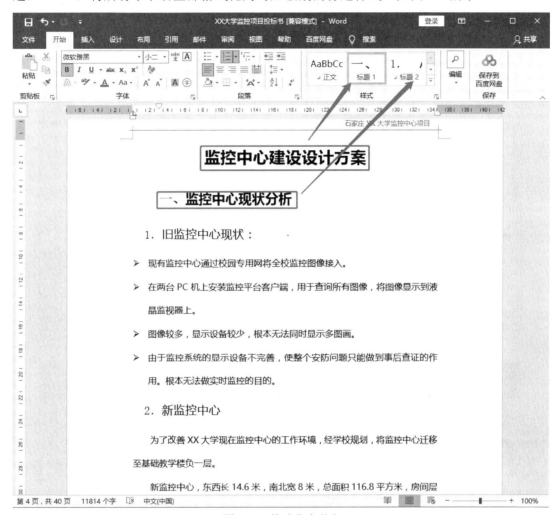

图6-60　格式化章节名

步骤06 单击“插入”→“页”→“空白页”，在章节前插入一个空白页。在“引用”→“目录”下三角按钮中选择“自动目录1”，此时自动生成目录，如图6-61所示。最后调整目录文本的字体大小和行间距，如图6-62所示。

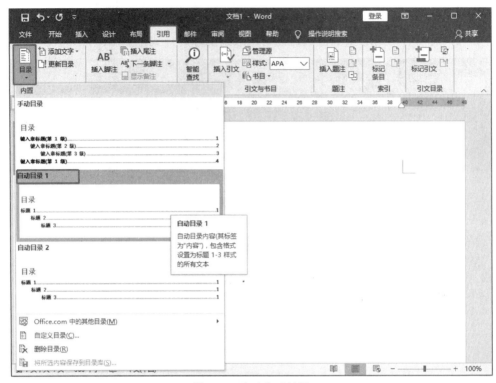

图 6-61　自动生成目录

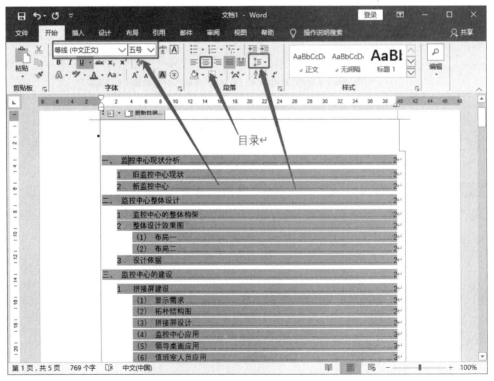

图 6-62　调整字体大小和行间距

步骤 07 文件所有的标题都按此方法设置，图6-63为最终效果。

图 6-63　最终完成效果

● 项目延伸

更新目录：即使已经生成了目录，有时正文需要添加或删除部分内容或章节，章节的页码随之会发生变化，如果手动更改页码就太烦琐了。此时可以利用更新目录完成页码的更新，"引用"→"更新目录"→"只更新页码"或"更新整个目录"。当用鼠标在目录中单击右键时，选择左上角的更新目录也有相同的效果。

6.5　为你的页面增眉添彩

"项目五" Word 的高级应用——页眉、页脚、页码

● 项目导入

页眉位于文档的顶部区域。用于显示文档的附加信息，如时间、公司徽标、文档

标题、文件名或作者名等。

页脚位于文档的底部区域。用于显示文档的附加信息，如页码、日期、公司徽标、文档标题、文件名或作者名等。

页码可使读者根据目录快速查找到相应内容。

● 项目剖析

制作超过两页的文档时通常会添加页眉、页脚以实现在每页相同位置展示相同的内容，如作者、文件名等。下面介绍"监控中心建设设计方案"中的页眉、页脚、页码的制作过程，最终效果如图6-64所示。

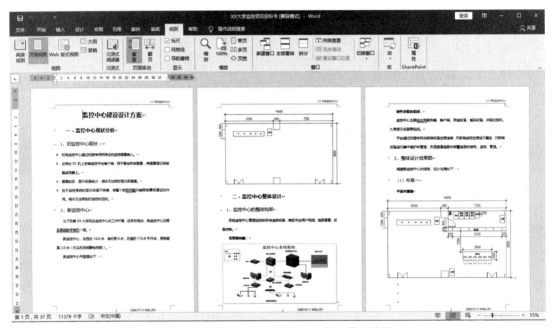

图6-64 "监控中心建设设计方案"最终效果

● 项目制作流程

步骤01 打开Word 2019，单击"插入"→"页眉和页脚"→"页眉"下三角按钮，选择页眉类型如图6-65所示，可在此处修改页眉内容及页眉格式。

步骤02 插入页眉时，word 2019会自动添加一条页眉线，如图6-66所示。若想删除此线，单击"开始"→"段落"→"边框"下三角按钮，选择"无框线"删除页眉下划线；也可以用组合键Ctrl+Shift+N删除页眉下划线。页眉的文本格式一般居中或右对齐。

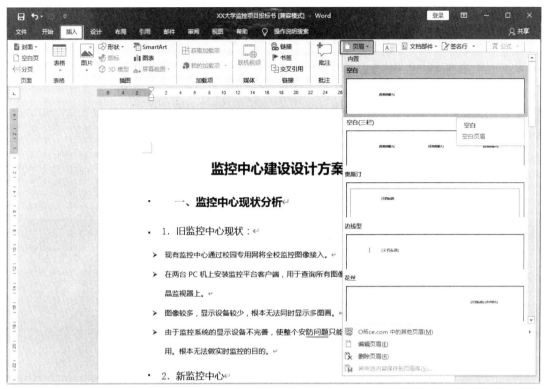

图 6-65　插入页眉

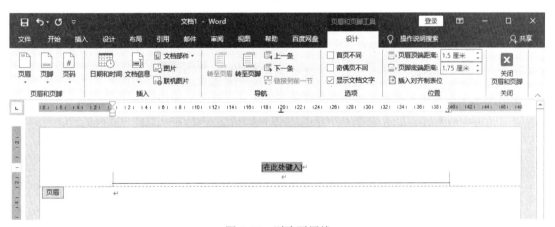

图 6-66　删除页眉线

步骤03 如果文档有封面，单击"页眉和页脚工具"→"设计"→"选项"勾选"首页不同"即可删除封面上的页眉，如图6-67所示。

图 6-67　修改页眉属性

步骤04 如果需要双面打印，则单击"页眉和页脚工具"→"设计"→"选项"，勾选"奇偶页不同"选项，如图6-68所示。如果选择了"奇偶页不同"，就需要分别输入奇数页眉和偶数页眉的内容，如图6-69所示。封面后需要插入一页空白页。目录页数要为偶数，为奇数时加空白页补成偶数页。

图 6-68　修改页眉属性

图 6-69　设置奇偶页眉

步骤05 如果想实现各章节的页眉不同，可在每个章节前插入分节符，即单击"布局"→"分节符"添加一个分节符，再修改"页眉属性"，将"链接到前一章节"功能勾选掉，就可重新设置新的章节页眉内容。如图6-70、图6-71所示。

步骤06 页脚的制作方法：页脚的插入方法和页眉基本相同。单击"插入"→"页眉和页脚"→"页脚"下三角按钮，选择合适的页脚类型即可，如图6-72所示。

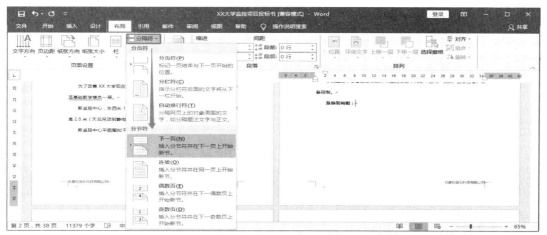

图 6-70　插入分节符

图 6-71　修改页眉的链接属性

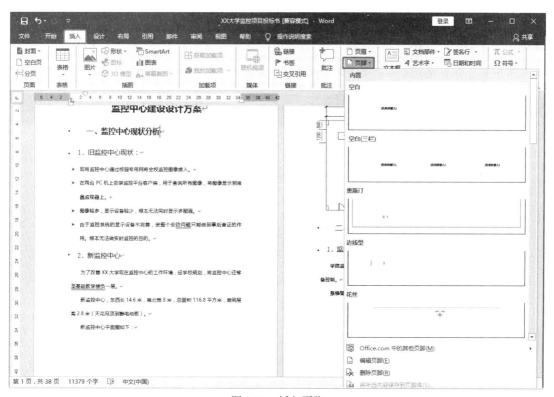

图 6-72　插入页脚

步骤 07 如果文档有封面，应在"页眉和页脚工具"→"设计"→"选项"中设置"首页不同"和"奇偶页不同"，如图6-73、图6-74、图6-75所示，方法与页眉设置相同。

图 6-73　修改页脚选项

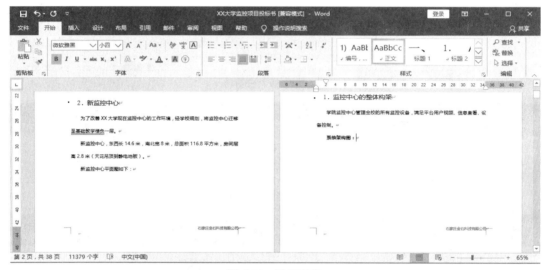

图 6-74　设置页脚

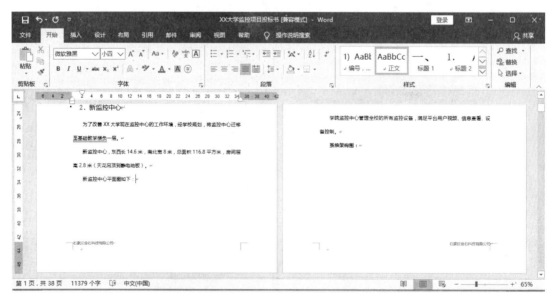

图 6-75　设置奇偶页脚

步骤08 页码的制作方法：页码的插入方法和前两项方法基本相同。单击"插入"→"页眉和页脚"→"页码"下三角按钮，插入页码。一般情况下页码和页脚都在页面的底部，所以二者可以同时进行编辑。页码是系统自动生成的，不是手动输入的，因此如果需要同时插入页码和页脚时，要先插入页码再另起一行直接输入页脚内容，如图6-76、图6-77所示。

图 6-76　插入页码

图 6-77　同时插入页码和页脚

步骤09 有时，页码在某些页面后需要重新开始计，例如某图书的目录有10页，正文的页码默认顺延是从第11页开始，但图书的正文页码是从第1页开始的。此时，需要将正文和目录之间用分节符隔开，然后页码从头开始计，如图6-78、图6-79所示。本案例最终效果如图6-80所示。

图 6-78　设置页码格式　　　　　　　　　　　　　图 6-79　重新开始计页码

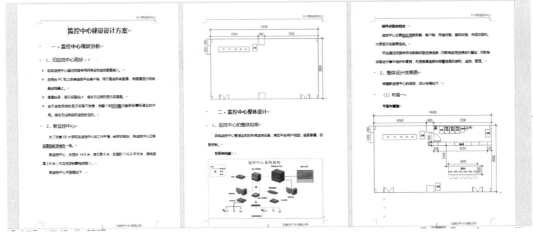

图 6-80　最终完成效果

● **项目延伸**

通常图书都有多个章节，要使不同的章节有不同的页眉，则单击"布局"→"分隔符"，选择分节符插入，再单独设计每一章节的页眉即可。

6.6　如何将 Word 快速导入 PowerPoint

"项目六"Word 的高级应用——Word 快速导入 PowerPoint

● **项目导入**

对于PowerPoint新手说，在PowerPoint中复制粘贴Word文档，需重复操作多次。下面介绍Word一键转成PowerPoint，快捷又简便。

● **项目剖析**

Word 2019的"发送到Microsoft PowerPoint"功能，将根据Word内容快速生成一份结构清晰的PowerPoint文稿，可大大减少复制粘贴文本的时间，提高工作效率。本项目案例最终效果如图6-81所示。

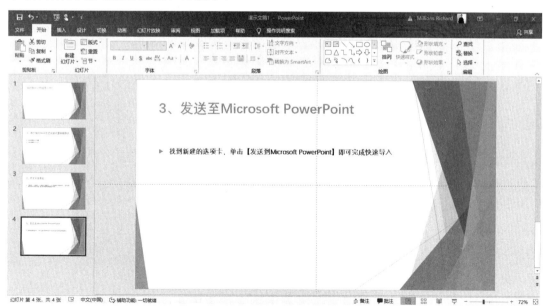

图 6-81　PowerPoint 中快速导入 Word 文本

● **项目制作流程**

步骤01 为已有文档设置标题样式：Word标题1=PowerPoint标题，Word标题2=PowerPoint正文，效果如图6-82、图6-83所示。

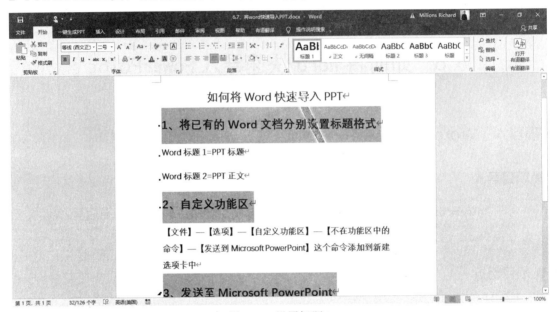

图6-82　设置标题1

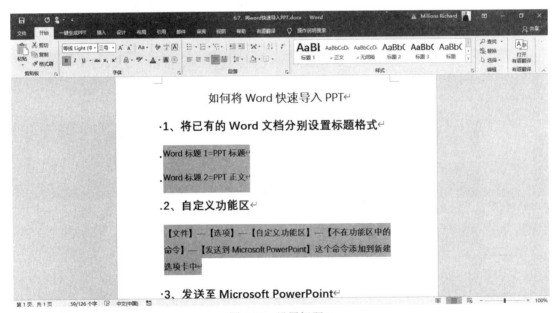

图6-83　设置标题2

步骤02 将"发送到MicrosoftPowerPoint"功能添加至主选项卡：单击"文件"→"选项"→"自定义功能区"，在右侧的"主选项卡"区域单击"新建选项卡"并命名为"一键生成PPT"，将"新建组"命名为"发送到Microsoft PowerPoint功能"。选择"不在功能区中的"的"发送到Microsoft PowerPoint"。单击"添加到"该添加到右侧"主选项卡"区域的"发送到Microsoft PowerPoint功能"组中，如图6-84所示。

图 6-84　设置功能区

步骤 03 选择"一键生成PPT"→"发送到Microsoft PowerPoint"，就可以快速生成一个PowerPoint文稿，如图6-85所示。

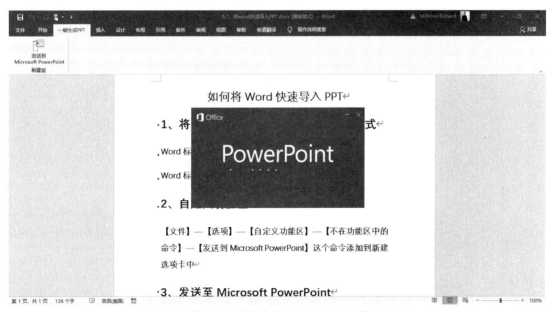

图 6-85　快速生成 PowerPoint 文稿

步骤 04 在打开的PowerPoint窗口中，对导入的Word文档进行排版处理，一份精美的PowerPoint文稿就生成了。最终效果如图6-86所示。

图 6-86　最终完成效果

● 项目延伸

添加好标题样式之后，单击"视图"→"导航窗格"，即可看到不同级别的标题文本。

第 7 章

办公常用电子表格

本章目标

◎ 掌握电子表格的构成要素
◎ 学会制作考勤表
◎ 掌握不同信息的不同录入方法
◎ 学会制作工资表

办公室常用的表格有Word表格和Excel电子表格，可以根据使用需要选择制作表格的类型。使用表格描述数据，即使信息量很大，数据也一目了然。Excel表格通常由标题、副标题、表格、备注等内容构成，在具体制作时按一定的顺序完成即可。

7.1 考勤表

"项目一"办公常用电子表格——考勤表

● 项目导入

考勤表记录员工每天的出勤情况，是员工工资结算的凭证之一。考勤表记录员工具体的上下班时间，以及迟到、早退、旷工、病假、事假、休假的情况。

● 项目剖析

考勤表中常用字段包括单位名称、部门名称、编号、姓名、上下班时间、考勤代号、备注、审核人等，如图7-1所示。

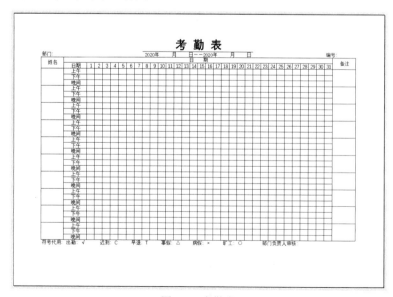

图 7-1 考勤表

● **项目制作流程**

步骤01 新建一个Excel文档，由于标题一般在表格的中上部，表格字段列数较多，先加标题很容易出错，因此可以先制作表格再添加标题。单击"页面布局"→"页面设置"→"纸张方向"，选择"横向"。在A3单元格中输入"姓名"，选中A3:A4单元格区域，单击"开始"→"对齐方式"，选择"合并后居中"，如图7-2所示。

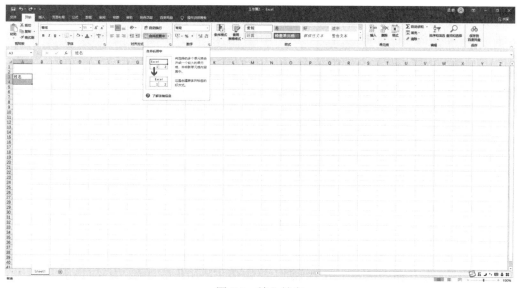

图 7-2　输入姓名

步骤02 选中B4单元格，输入"日期"，在C4单元格中输入"1"，在D4单元格中输入"2"，选中C4:D4单元格区域，拖动右下角的填充句柄向右填充至"31"，如图7-3所示。

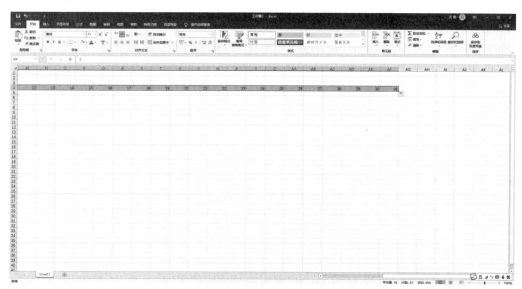

图 7-3　输入日期

步骤03 选中C:AG单元格区域右击，在弹出的快捷菜单中选择"列宽"，输入"2.5"，如图7-4所示，单击"确定"。

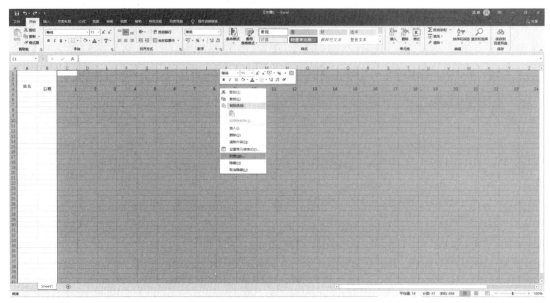

图7-4　调整列宽

步骤04 选中B3:AG3单元格区域，单击"开始"→"对齐方式"→"合并后居中"，然后在合并后的单元格中输入文本"日期"，在中间添加若干空格，如图7-5所示。

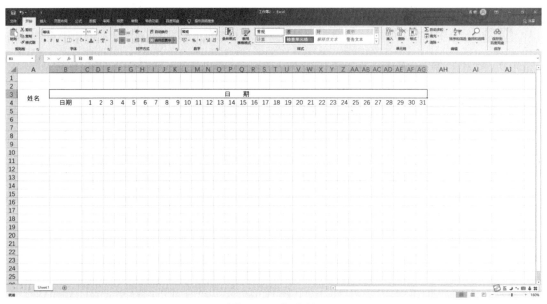

图7-5　日期合并

步骤05 在AH3单元格中输入文本"备注"，选中AH3:AH4单元格区域进行单元格合并，如图7-6所示。

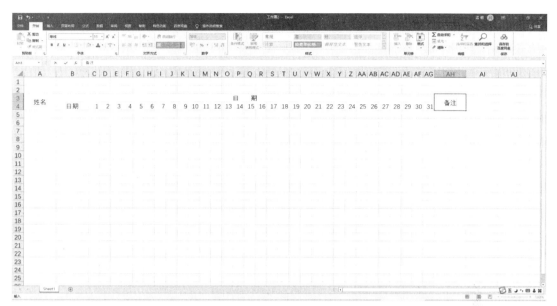

图7-6 输入备注

步骤06 选中A5:A7合并单元格，B5、B6、B7中分别输入文本"上午""下午""晚间"，选中A5:B7,拖动右下角填充句柄向下拖动至B25单元格，如图7-7所示。

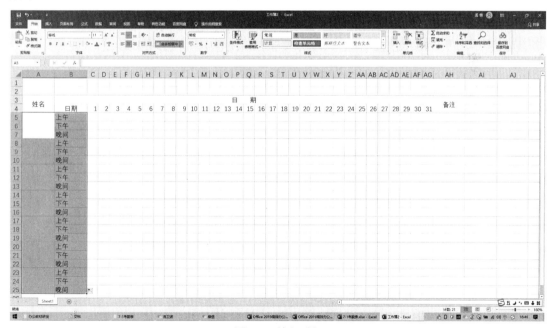

图7-7 输入时间

步骤07 选中AH5:AH7单元格区域进行合并，向下拖动填充句柄至AH34单元格，如图7-8所示。

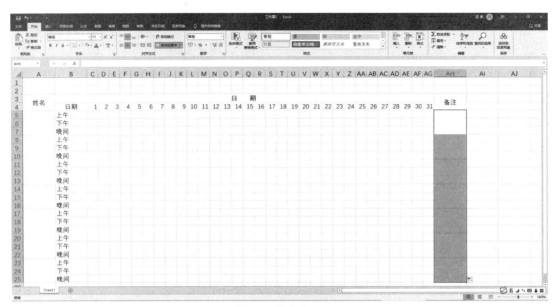

图7-8 输入备注

步骤08 选中A3:AH25单元格区域，单击"开始"→"字体"→"边框"的下三角按钮，选择"所有框线"，表格框架搭建完成，如图7-9所示。

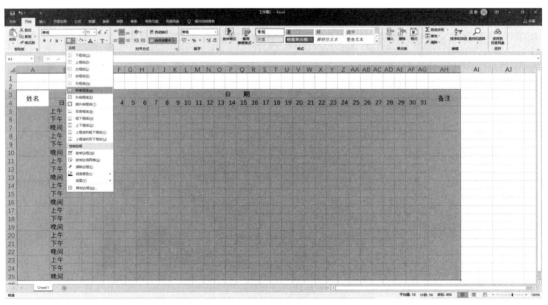

图7-9 设置边框

步骤09 添加标题。选中A1:AH1单元格区域合并，输入文本"考勤表"，设置文本格式为"26号、加粗"，如图7-10所示。

步骤10 在A2单元格中输入文本"部门："。在K2单元格中输入文本"2020年月日——2020年月日"，文本中间如图7-11所示添加空格适当隔开。在AG2单元格中输入文本"编号："。

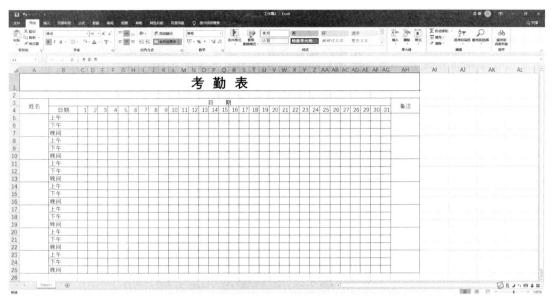

图 7-10 添加标题

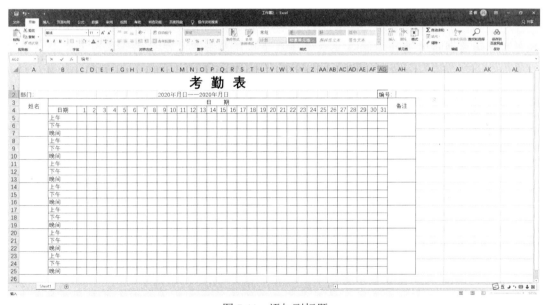

图 7-11 添加副标题

步骤 11 选中 J2:W2 单元格区域，单击"合并后居中"按钮，单击"开始"→"字体"→"边框"下三角按钮，选择"上框线"，如图7-12所示。

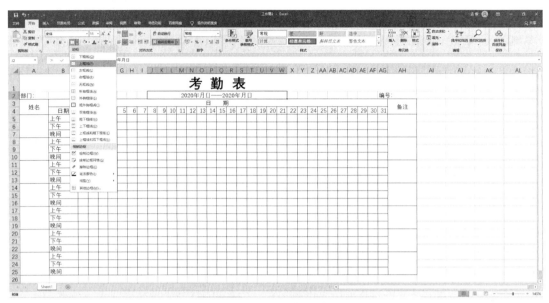

图7-12　设置标题线

步骤12　选中A26单元格，输入文本"符号代用：出勤：√　迟到：C　早退：T
事假：△　病假：×　旷工：○　　部门负责人审核："，如图7-13所示。注意文本中
间需要添加适当的空格。

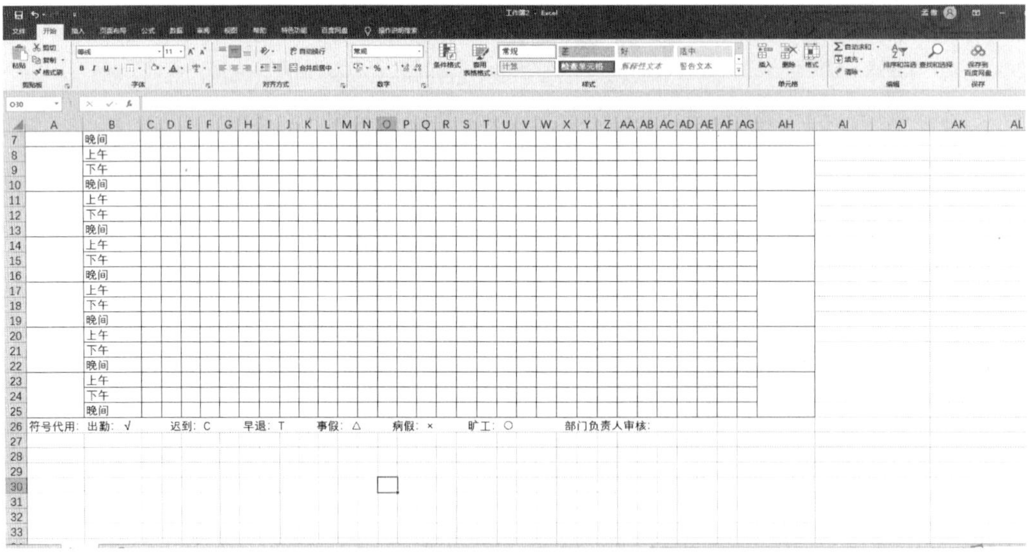

图7-13　符号代用

步骤13　选中整个表格，单击"开始"→"对齐方式"，选择"垂直居中"，再
选择"居中"，如图7-14所示。

步骤14　单击"开始"→"打印"，查看一下打印效果，发现年月日没有隔开，
且表格下方较空。单击左上角"返回"按钮，将J2单元格的"年月日"用空格隔

开，并将A26单元格移动至A35，选中A23:AH23拖动右下角的填充句柄向下复制至AH32。

步骤15 再次查看一下打印效果，如果发现表格不在正中，则需单击"页面设置"→"页边距"→"居中方式"，勾选"水平"，此时表格就居中了，如图7-15所示。如果需要增加行数，则将"符号代用"行选中移动到最后一行，将表格向下复制即可。

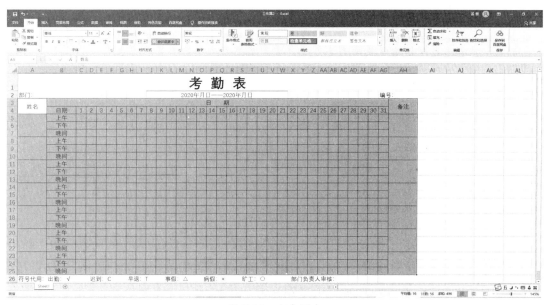

图 7-14　文本居中

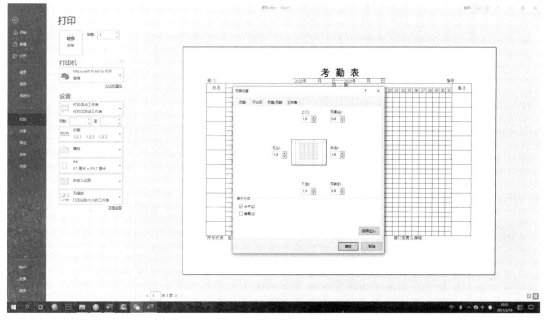

图 7-15　调整打印设置

● 项目延伸

使用电子考勤表同样可以记录数据，也可以根据需要分别统计迟到、早退、旷工、病假、事假、休假的天数。

7.2　员工信息登记表

"项目二"办公常用电子表格——员工信息登记表

● 项目导入

员工信息登记表是将在职员工的基本信息，如姓名、性别、年龄、身份证号、出生日期、入职日期、职称、职务等录入，以实现员工信息统一管理的一种常用电子表格。

● 项目剖析

怎样实现快速录入员工信息呢？首先必须设置表格中每个项目的数据格式，再进行数据录入。在本案例中，编号使用"文本"格式、身份证号使用"文本"格式、出生年月使用"日期"格式、性别使用"数据有效性验证"、入职日期使用"日期"格式、薪资使用"货币"格式，最终效果如图7-16所示。

工号	姓名	性别	籍贯	身份证号	出生年月	入职时间	学历	职称	岗位	薪资
0001	孙悟空	男	云南昆明	530112198106177214	1981年6月	2020年12月	大专	助理设计师	设计助理	¥4,000.00
0002	赵四	男	四川成都	510100198506026036	1985年6月	2020年12月	本科	高级会计师	财务总监	¥4,500.00
0003		女	贵州六盘水	530202200112122042	2001年12月	2020年8月	中专	无	经理助理	¥3,600.00
0004	哪吒	女	云南玉溪	532400198809024046	1998年9月	2019年8月	大专	高级设计师	设计总监	¥7,800.00
0005	刘邦	男	四川宜宾	511500199112048037	1991年12月	2017年8月	中专	无	经理助理	¥3,400.00
0006	赵云	男	云南昆明	530112199303179234	1993年3月	2018年8月	本科	职业经理人	客户经理	¥7,550.00
0007	猪八戒	男	四川成都	510112200006209274	2000年6月	2019年8月	大专	高级设计师	设计总监	¥5,420.00

图 7-16　员工信息登记表

● 项目制作流程

步骤01　新建一个Excel文档，在第二行依次输入文本"工号、姓名、性别、籍贯、身份证号、出生年月、入职时间、学历、职称、岗位、薪资"，文本格式为"等线11号"。选中第一行的A1:K1单元格区域，单击"开始"→"对齐方式"，选择

"合并后居中"，在合并后的单元格中输入文本"员工信息登记表"，设置格式为"楷体、20号"，如图7-17所示。

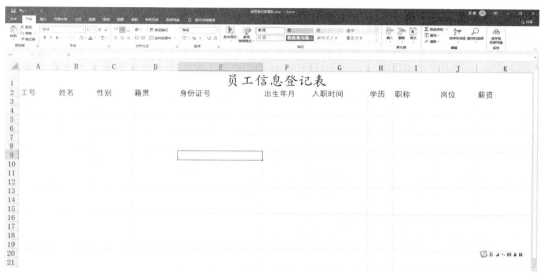

图 7-17　输入标题

步骤02 选中标题，单击"开始"→"字体"→"字体颜色"，选择"白色"。单击"开始"→"字体"→"填充颜色"，选择"橄榄色，个性色3，深色50%"。选中A2:K2单元格区域，单击"开始"→"字体"→"字体颜色"，选择"橄榄色，个性色3，深色60%"，"对齐方式"选择"居中"，效果如图7-18所示。

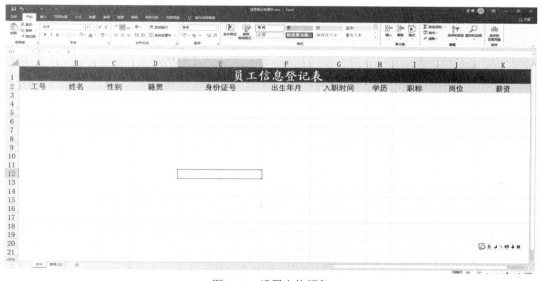

图 7-18　设置字体颜色

步骤03 选中A3单元格，单击"开始"→"数字"→"数字格式"，选择"文本"，输入文本"0001"，选中右下角的填充句柄向下拖动至A9单元格，如图7-19所示。

图 7-19　输入工号

步骤04 输入姓名列数据，如图7-20所示。

图 7-20　输入姓名

步骤05 输入性别数据时，除了直接录入外，还可以使用Excel中的数据验证工具。选中C3:C9单元格区域，单击"数据"→"数据工具"→"数据验证"下三角按钮，选择"数据验证"，在打开的对话框中如图7-21所示进行设置。注意"来源"中输入文本时，逗号必须用英文半角形式。

图 7-21 录入性别数据 1

步骤 06 单击"确定",然后依次单击单元格右侧三角按钮选择正确的性别录入,如图7-22所示。

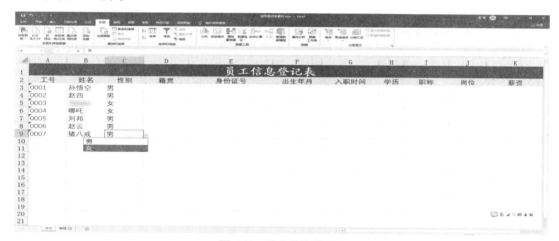

图 7-22 录入性别数据 2

步骤 07 录入籍贯列数据,如图7-23所示。

步骤 08 Excel表格中纯数字位数超过15位就会以科学计数法方式显示,因此在默认状态下,18位的身份证号在Excel单元格中是不能正常显示的。解决这个问题有两种方法,方法一:选中E3:E9单元格区域,单击"开始"→"数字"→"数字格式",选择"文本",如图7-24所示。方法二:输入文本类数字时,先输入一个单引号,即可将数据临时转换为文本类型。

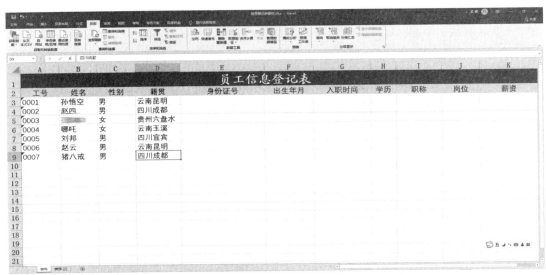

图 7-23　录入籍贯信息

图 7-24　设置身份证号输入格式

步骤09 设置完成后，依次输入对应的身份证号即可，此时若数据显示在单元格外，则需要将列宽加大。选中E列和F列的中间线向右拖动光标，效果如图7-25所示。

步骤10 设置出生日期分列。复制身份证号数据，粘贴在F3:F9单元格区域内，单击"数据"→"数据工具"→"分列"，选择"固定宽度"，单击"下一步"，如图7-26所示。

图 7-25　调整列宽

图 7-26　设置出生日期分列

步骤11 如图7-27所示位置建立两条分列线，单击"下一步"。

步骤12 单击第1列数据，选择"不导入此列跳过"。单击第3列数据，选择"不导入此列跳过"。单击第2列选择"日期"，如图7-28所示，单击"完成"，此时身份证号码中的出生日期已经被填充到了F3:F9单元格区域内。

图 7-27　建立分列线

图 7-28　设置数据格式

步骤13 选中F3:F9单元格区域，右击，在弹出的快捷菜单中选择"设置单元格格式"，在打开的对话框中如图7-29所示进行设置，单击"确定"，适当调整列宽。

步骤14 入职时间：日期的输入可选用两种形式，以"2020年3月"为例，第一种输入形式为"2020/3"，第二种输入形式为"2020-3"。输入入职时间列数据，选中G3:G9单元格，右击，在弹出的快捷菜单中选择"设置单元格格式"，在打开的对话框中进行如图7-30所示的设置。

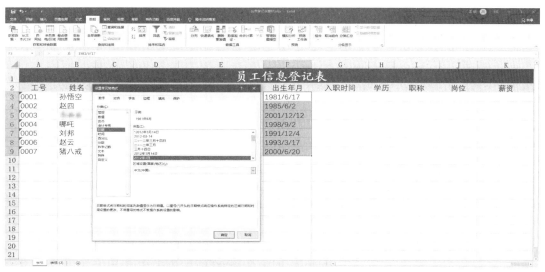

图 7-29 设置出生年月格式

图 7-30 设置入职时间列格式

步骤15 学历：学历大致有中专、大专、本科、硕士等几种，因此这项内容的输入可使用数据验证工具。选中H3:H9单元格区域，单击"数据"→"数据工具"→"数据验证"下三角按钮，选择"数据验证"，在打开的对话框中如图7-31所示进行设置，单击"确定"，最后依次单击单元格右侧下三角按钮选择正确的学历进行录入。

步骤16 录入职称和岗位列数据，如图7-32所示。

图 7-31　录入学历数据

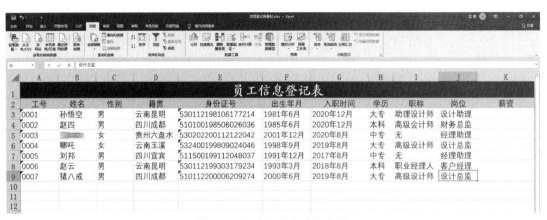

图 7-32　录入职称和岗位数据

步骤17 录入薪资列数据，选中K3:K9单元格区域，单击"开始"→"数字"→"数字格式"，选择货币，如图7-33所示。

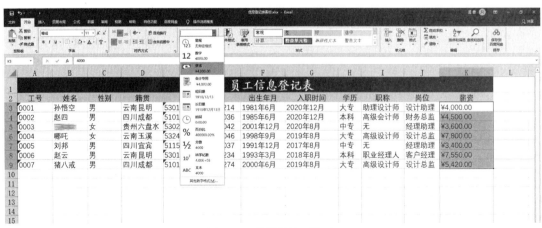

图 7-33　设置薪资列格式

步骤18 选择A2:K9单元格区域，单击"开始"→"对齐方式"，单击"居中"和"垂直居中"，如图7-34所示。

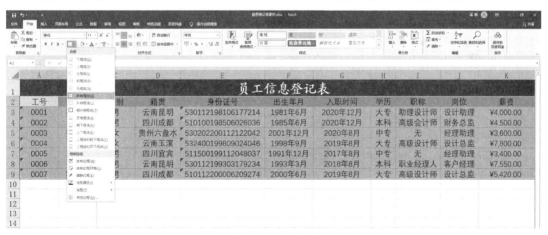

图 7-34　设置居中格式

步骤19 选中A1:K9单元格区域，单击"开始"→"字体"→"边框"下三角按钮，选择"所有框线"，如图7-35所示。至此，员工信息登记表制作完成。

图 7-35　添加框线

● **项目延伸**

　　作为中国公民唯一的身份代码，居民身份证号码里包含很多个人信息，如前6位表示户口所在地，第7~14位表示出生日期，第17位表示性别。理论上，个人的户口所在地、出生日期、性别等信息完全可以从身份证号码里面提取，那么应该如何操作呢？（提示：可使用函数）

<h1 style="text-align:center">:::::::::: 7.3 工资表 ::::::::::</h1>

"项目三"办公常用电子表格——工资表

● 项目导入

工资表又称工资结算表,是按部门编制的用于核算统计员工工资的表格,每月一张。正常情况下,工资表会在工资正式发放前的1～3天发放到员工手中,员工可以就工资表中出现的问题向上级主管反映。

● 项目剖析

在工资表中,要根据考勤记录、岗位工资、补助及代扣款项等数据资料完成工资表表格"出勤""应发金额""应扣金额"三大部分,一般工资表是需要计算数据的,最终效果如图7-36所示。

****年*月员工工资表

编号	姓名	出勤	应发金额				应扣金额							实发工资	签字
			基本工资				代缴费用								
			岗位工资	全勤奖	补助	合计	社保	公积金	个税	请假扣款	迟到扣款	其他扣款	应扣合计		
1	张三	22	3000	300	200	3500.00	280	180	0	0	0	0	460.00	3040.00	
2	赵二	22	3000	300	200	3500.00	280	180	0	0	0	0	460.00	3040.00	
3	刘四	22	3000	300	200	3500.00	280	180	0	0	0	0	460.00	3040.00	
4	李四	22	3000	300	200	3500.00	280	180	0	0	0	0	460.00	3040.00	
5	孟五	22	3000	300	200	3500.00	280	180	0	0	0	0	460.00	3040.00	
6	张一	22	3000	300	200	3500.00	280	180	0	0	0	0	460.00	3040.00	
7	周一	22	3000	300	200	3500.00	280	180	0	0	0	0	460.00	3040.00	
8	李三	22	3000	300	200	3500.00	280	180	0	0	0	0	460.00	3040.00	
9	周二	22	3000	300	200	3500.00	280	180	0	0	0	0	460.00	3040.00	
10	张四	22	3000	300	200	3500.00	280	180	0	0	0	0	460.00	3040.00	
11	赵一	22	3000	300	200	3500.00	280	180	0	0	0	0	460.00	3040.00	
12	王五	22	3000	300	200	3500.00	280	180	0	0	0	0	460.00	3040.00	
13	冯三	22	3000	300	200	3500.00	280	180	0	0	0	0	460.00	3040.00	
14	张五	22	3000	300	200	3500.00	280	180	0	0	0	0	460.00	3040.00	
15	鲁一	22	3000	300	200	3500.00	280	180	0	0	0	0	460.00	3040.00	
16	刘三	22	3000	300	200	3500.00	280	180	0	0	0	0	460.00	3040.00	
17	张二	22	3000	300	200	3500.00	280	180	0	0	0	0	460.00	3040.00	
18	孟六	22	3000	300	200	3500.00	280	180	0	0	0	0	460.00	3040.00	
19	郝二	22	3000	300	200	3500.00	280	180	0	0	0	0	460.00	3040.00	
20	何一	22	3000	300	200	3500.00	280	180	0	0	0	0	460.00	3040.00	
21	顾四	22	3000	300	200	3500.00	280	180	0	0	0	0	460.00	3040.00	
22	韩二	22	3000	300	200	3500.00	280	180	0	0	0	0	460.00	3040.00	
23	贺一	22	3000	300	200	3500.00	280	180	0	0	0	0	460.00	3040.00	
24	朱二	22	3000	300	200	3500.00	280	180	0	0	0	0	460.00	3040.00	
25	刘六	22	3000	300	200	3500.00	280	180	0	0	0	0	460.00	3040.00	
26	姚三	22	3000	300	200	3500.00	280	180	0	0	0	0	460.00	3040.00	
27	吴二	22	3000	300	200	3500.00	280	180	0	0	0	0	460.00	3040.00	
28	吴四	22	3000	300	200	3500.00	280	180	0	0	0	0	460.00	3040.00	
29	唐三	22	3000	300	200	3500.00	280	180	0	0	0	0	460.00	3040.00	
30	周六	22	3000	300	200	3500.00	280	180	0	0	0	0	460.00	3040.00	
合计:															

单位负责人:　　　　　财务负责人:　　　　　制表人:

图7-36 工资表

● **项目制作流程**

步骤01 新建一个Excel文档，选中A1:P34的单元格区域，如图7-37所示。

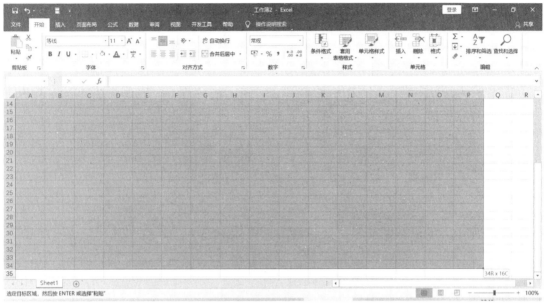

图 7-37 选择单元格区域

步骤02 如图7-38所示设置边框。

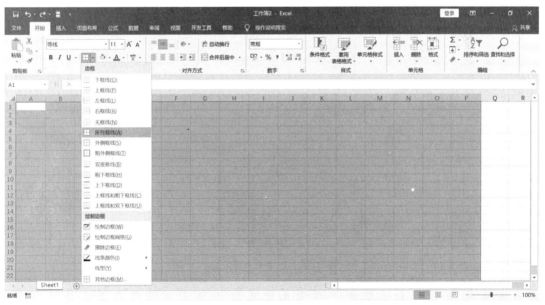

图 7-38 设置边框

步骤03 选中1:34行，在行线上拖动光标调整行高。选中A:P列，在列线上拖动光标增加列宽，如图7-39所示。

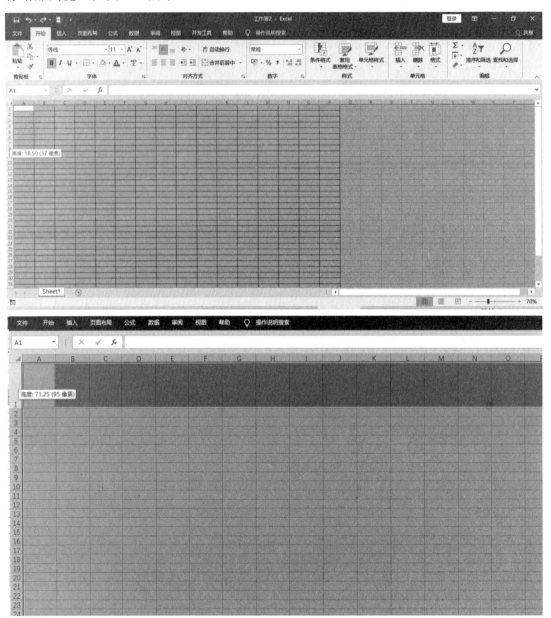

图7-39 调整行高和列宽

步骤04 选中第一行，右击，在弹出的快捷菜单中选择"插入"，如图7-40所示。

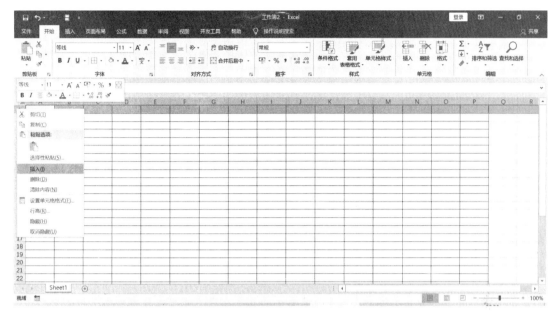

图 7-40 插入行

步骤 05 选中A1:P1单元格区域合并后居中，增加行高，录入标题"****年*月员工工资表"，格式设置为"微软雅黑、36号"，标题文字设置加粗，如图7-41所示。

图 7-41 添加标题

步骤 06 分别选中A2:A4、B2:B4、C2:C4、D2:G2、D3:G3、H2:N2、M3:M4、N3:N4、O2:O4、P2:P4单元格区域，执行合并后居中。选中A2:P34单元格区域，设置"对齐方式"为"垂直对齐""居中"，如图7-42所示。

图7-42 合并单元格

步骤07 选中A2:P4单元格区域，如图7-43所示，设置底纹颜色为绿色。

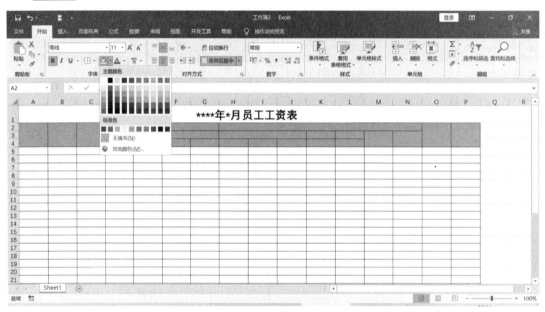

图7-43 设置底纹

步骤08 如图7-44所示，录入表头文本内容，并设置字体为"宋体"，字号为
"11"，文本对齐方式为"居中""垂直居中"。

图 7-44　添加表头

步骤09 在A5、A6单元格中分别输入文本"1""2"，选中A1:A2单元格区域，拖拉填充句柄到A34单元格，如图7-45所示。

图 7-45　添加编号

步骤10 如图7-46所示，在表格中录入姓名、出勤、岗位工资、补助、代缴费用、其他扣款等的数据。

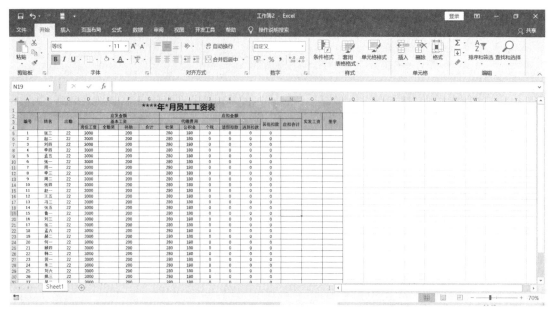

图 7-46 录入基本信息

步骤11 如图7-47所示，在E5单元格中输入公式：=IF（C5>=20，"300"，"0"）
单击Enter键，选中E5单元格，向下拖拉填充句柄至E34单元格。其中C5为出勤天数（如
果出勤天数超过20天即发放300元全勤奖，否则不发放）。

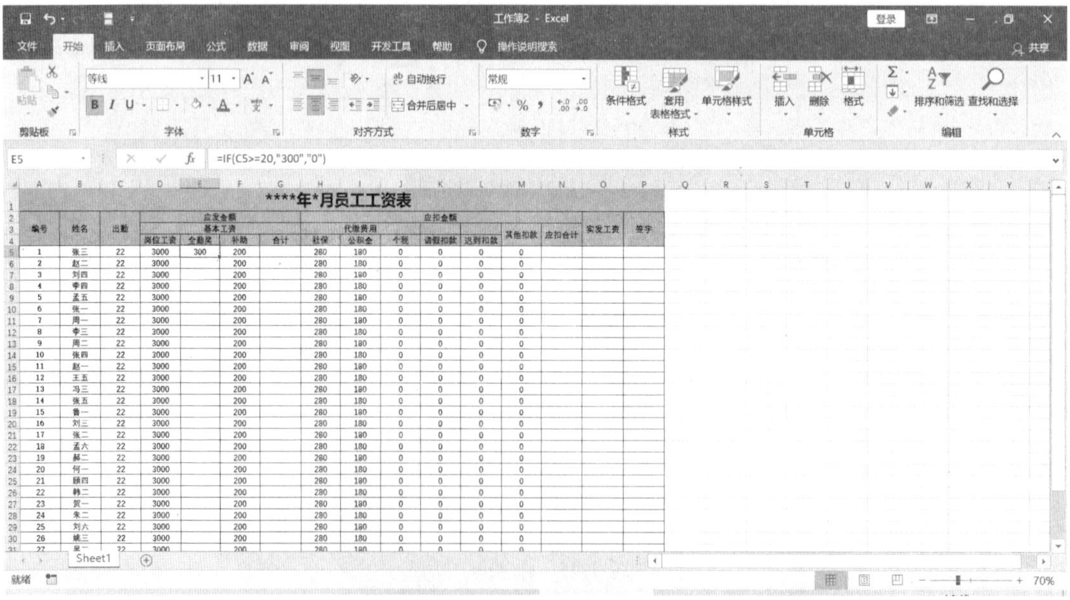

图 7-47 输入全勤奖计算公式

步骤12 如图7-48所示，在G5单元格中输入公式：=D5+E5+F5，单击Enter键，选
中G5单元格，向下拖拉填充句柄至G34单元格。其中D5为岗位工资，E5为全勤奖，
F5为补助。

图 7-48　输入合计计算公式

步骤 13　如图7-49所示，在N5单元格中输入公式：=H5+I5+J5+K5+L5+M5，单击Enter键，选中N5单元格，向下拖拉填充句柄至N34单元格。

图 7-49　输入应扣合计计算公式

步骤 14　如图7-50所示，在O5单元格中输入公式：=G5-N5，单击Enter键，选中O5单元格，向下拖拉填充句柄至O34单元格。

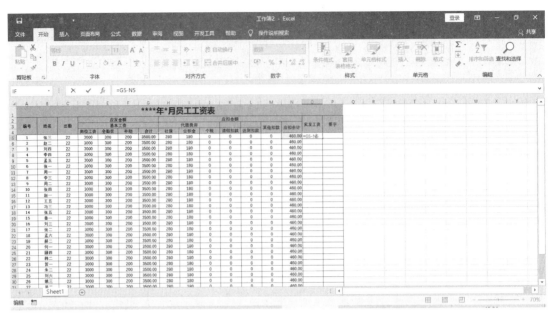

图 7-50 实发工资

步骤15 选中A35:P35单元格区域，底纹颜色设为"绿色"，如图7-51所示。

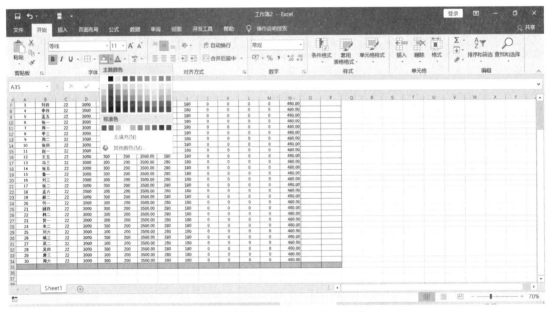

图 7-51 设置工资表最后一行的颜色

步骤16 选中A35:C35单元格区域，合并后居中，录入文本"合计"，如图7-52所示。

步骤17 选中A36:P36单元格区域，执行合并后居中，录入表格落款文本"单位负责人： 财务负责人： 制表人："，工资表制作完成，效果如图7-53所示。

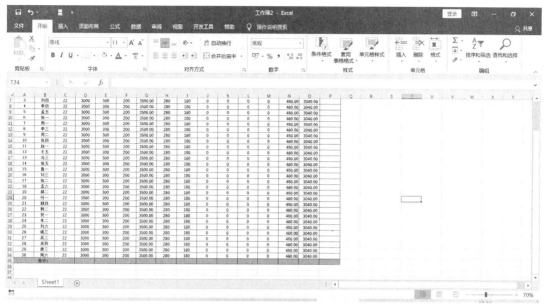

图 7-52　录入合计文本

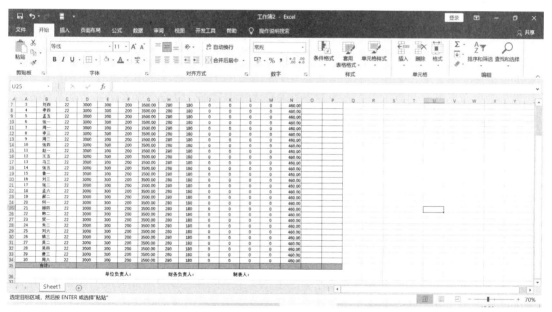

图 7-53　工资表制作完成

● 项目延伸

制作工资表时，统计值可以利用公式计算，这样制作下月工资表时，只需要修改个别变动数据，如出勤天数、全勤奖等，统计值就会自动计算出来。

第**8**章

Excel 数据统计计算

本章目标 ————————————————————————

◎ 了解计算的多种方法，掌握数据的不同算法

◎ 掌握常用经典函数的应用技巧

Excel为用户提供了大量的内置函数，但在实际的工作中，经常使用的只是其中的一部分，如果可以掌握并熟练应用这些常用的函数公式，对工作效率的提升帮助很大。Excel中，使用函数公式计算的结果会自动更新，即修改相应数据，那么所有引用该数据的结果值都会自动更新，这个功能无疑是非常有用的。

本章将介绍Excel表格的数据计算功能，包括基本的计算方法以及常用函数的使用技巧。常用函数除求和SUM、平均值AVERAGE、最大值MAX、最小值MIN、统计COUNT以外，还包括其他经常用到函数，如判断IF、多条件判断IFS、条件求和SUMIF、条件计数COUNTIF、数据查询VLOOKUP、逆向查询LOOKUP等，以及多函数嵌套等的用法。

8.1 学生成绩表的统计计算

"项目一" 公式和函数——学生成绩表统计

● 项目导入

Excel表格主要功能之一就是统计分析数据，特别是在统计学生成绩、销售业绩、各种比赛成绩，以及货物进出库财务做帐时。

● 项目剖析

以学生成绩表为例，此类表格通常需要统计各年级各班级学生每学科的最高分、最低分、平均分和总分，每人的平均分和总分，每年级的平均分排名，年级前10名等数据，可通过计算、排序、条件格式等方式快速达到上述数据统计的目的。数据计算通常有三种方法：公式法、函数法和自动计算法。

下面看一个具体案例，案例最终效果如图8-1所示。

Office 2019高效办公应用实战

图 8-1　学生成绩统计表

● 项目制作流程

步骤01 打开素材文件"成绩表.xlsx"。

步骤02 计算总成绩。

公式法：选中G3单元格，首先输入文本"="，然后单击C3单元格，输入"+"，单击D3单元格，输入"+"，单击E3单元格，输入"+"，单击F3单元格，再按Enter键，G3结果计算完成，最后双击G3单元格右下角填充句柄即可完成总成绩列数据的计算，如图8-2所示。

图 8-2　公式法计算总成绩

168

函数法：选中G3单元格，单击编辑栏"*fx*"插入函数，选择"SUM"，单击"确定"，如图8-3所示，用光标选择计算范围C3:F3单元格区域，单击"确定"，向下拖动G3单元格右下角填充句柄至G14单元格即可。

图8-3　函数法计算总成绩

　　自动计算法（此处为求和）：此方法仅限于结果单元格区域与需要计算的数据区域相邻的情况。选中G3:G14单元格区域，单击"开始"→"编辑"→"自动求和"，计算结果已经自动生成，如图8-4所示。

图8-4　自动计算法计算总成绩（自动求和法）

步骤03 计算平均成绩。

公式法：选中H3单元格，输入公式"=G3/4"，如图8-5所示，按Enter键，向下拖动H3单元格右下角填充句柄至H14单元格。

函数法：选中H3单元格，单击编辑栏"*fx*"插入函数，选择"AVERAGE"，单击"确定"，使用光标选择计算范围C3:F3单元格区域，单击"确定"，如图8-6所示向下拖动H3单元格右下角填充句柄至H14单元格即可。

图8-5 公式法计算平均成绩

图8-6 函数法计算平均成绩

自动计算法（此处为自动求和）：选中H3单元格，单击"开始"→"编辑"→"自动求和"下三角按钮，选择"平均值"，选择单元格区域C3:F3，按Enter键，向下拖动H3单元格右下角填充句柄至H14单元格，结果如图8-7所示。

图8-7　自动计算法计算平均成绩

步骤04 计算最高分。

函数法：选中C15单元格，单击编辑栏"*fx*"插入函数，选择"MAX"，如图8-8所示，单击"确定"，使用光标选择计算范围C3:C14单元格区域，单击"确定"，向右拖动C15单元格右下角填充句柄至F15单元格。

图8-8　函数法计算最高分

自动计算法（此处为自动求和）：选中C15单元格，单击"开始"→"编辑"→"自动求和"下三角按钮，选择"最大值"，选择单元格区域C3:C14，如图8-9所示，按Enter键，向右拖动C15单元格右下角填充句柄至F15单元格即可。

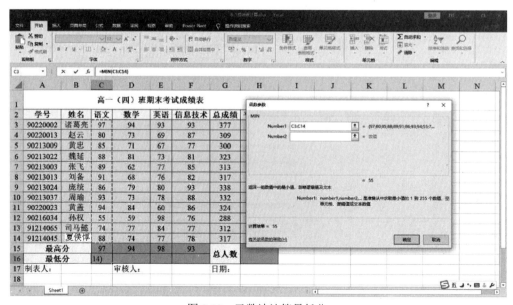

图8-9　自动计算法计算最高分

步骤05 计算最低分。

函数法：选中C16单元格，单击编辑栏"*fx*"插入函数，选择"MIN"，单击"确定"，用光标选择计算范围C3:C14单元格区域，如图8-10所示，单击"确定"，向右拖动C16单元格右下角填充句柄至F16单元格即可。

图8-10　函数法计算最低分

自动计算法（此处为自动求和）：选中C16单元格，单击"开始"→"编辑"→"自动求和"下三角按钮，选择"最小值"，选择单元格区域C3:C14，如图8-11所示，按Enter键，向右拖动C16单元格右下角填充句柄至F16单元格即可。

图8-11 自动计算法计算最低分

步骤06 计算总人数。每名学生都有一个平均成绩，因此平均成绩的个数就是总人数。

自动计算法（自动求和）：选中H15单元格，单击"开始"→"编辑"→"自动求和"下三角按钮，选择"计数"，选择单元格区域H3:H14，按Enter键即可（可参照"自动计算法计算最高分"）。

函数法：使用COUNT函数，如图8-12所示。

步骤07 查找每学科或总分的前3名数据，常用方法有条件格式法和排序法。

条件格式法：选中H3:H14单元格区域，单击"开始"→"样式"→"条件格式"→"最前/最后规则"→"前10项"，将10改为3，格式默认即可，如图8-13所示，单击"确定"，得到的浅红填充色深红色文本即为前3名数据。

排序法：将平均成绩按降序排序，即可得到前3名数据。选中A2:H14单元格区域，单击"开始"→"编辑"→"排序和筛选"→"自定义排序"，主要关键字选择"平均成绩"，次序选择"降序"，单击"确定"，如图8-14所示。至此本案例制作完成。

图 8-12　计算总人数

图 8-13　条件格式法

图 8-14 排序法

● 项目延伸

本项目用到的函数：求和SUM、平均值AVERAGE、最大值MAX、最小值MIN和统计COUNT。其他函数的使用方法也是相同的。

8.2 演讲比赛评分表的数据统计

"项目二"综合计算——演讲比赛评分统计

● 项目导入

近年来，社会上、学校中各种竞赛的最终成绩统计逐渐成为一项常见工作。由于同一比赛规则都是统一的，那么使用Excel进行成绩汇总统计无疑是非常方便的。

● 项目剖析

以一场演讲比赛的评分为例，首先分析评分规则，其次确定计算公式，最后实现计算结果。

首先分析该演讲比赛的评分规则："评分采取10分制，去掉一个最高分和一个最低分后的平均得分为选手的最后得分。"即：从总分中去掉一个最高分和一个最低分再取平均分。由此得出算法如下：（总分-最高分-最低分）/（评委人数-2）。转换为公式(SUM()-MAX()-MIN())/(COUNT()-2)，最后选中要计算的数据区域即可。

本项目案例最终效果如图8-15所示。

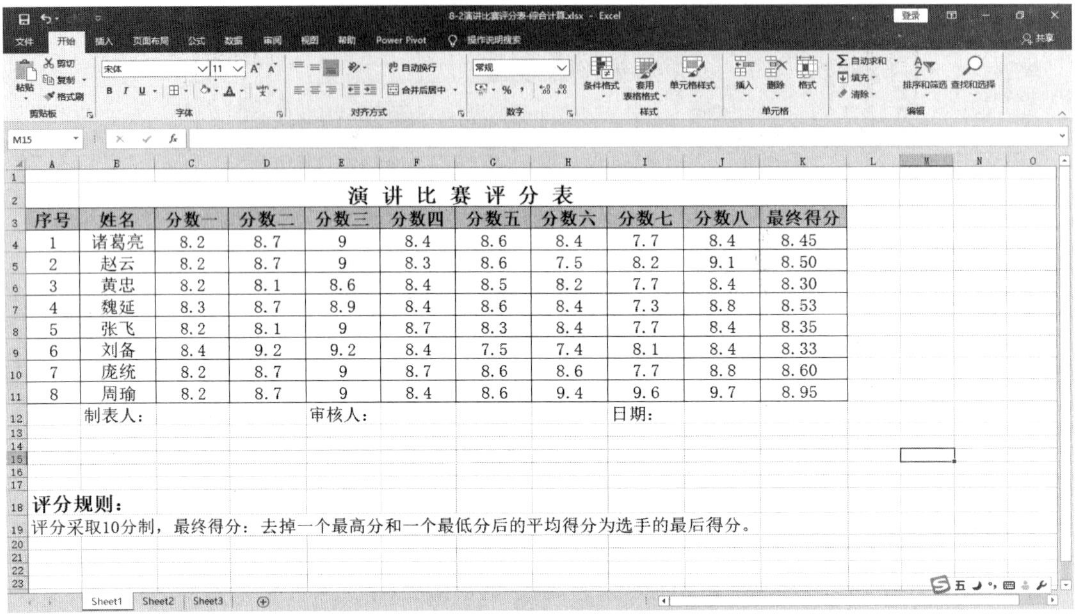

图 8-15　演讲比赛评分表

● 项目制作流程

步骤01 打开本案例素材文件，选中K4单元格，输入公式：

=(SUM()-MAX()-MIN())/(COUNT()-2))

然后在括号中用光标选择单元格区域C4:J4，选择后完整公式如下：

=(SUM(C4:J4)-MAX(C4:J4)-MIN(C4:J4))/(COUNT(C4:J4)-2)，单击"确定"，向下拖拉K4单元格右下角填充句柄至K11单元格，所有最终得分即可得出，如图8-16所示。

步骤02 调整小数位数。选中K4:K11单元格区域，右击，在弹出的快捷菜单中选择"设置单元格格式"，在"数字"选项卡中选择"数值"，小数位数设为"2"，如图8-17所示。本案例制作完成。

图 8-16 输入公式

图 8-17 设置小数位数

● 项目延伸

本项目是对公式的综合应用，很多情况下单一的公式或函数并不能解决问题，因此会用到函数嵌套或者多个函数出现在一个计算公式中的情况。

·········· 8.3　销售业绩的数据统计 ··········

"项目二" IFS 函数——销售业绩表统计

● 项目导入

二十一世纪是销售为王的世纪，成功的取得就是靠成功的销售，企业销售自己产品，个人销售自己的能力和魅力，因此检验销售能力的指标之一就是销售业绩。

● 项目剖析

销售业绩通常是按照销售额的百分比来进行计算提成，为了激励员工，业绩提成通常是分级别的，比如达到A级标准按一级百分比提成，达到B级按照二级百分比提成，以此类推。

下面看一个具体案例，本项目案例最终效果如图8-18所示。

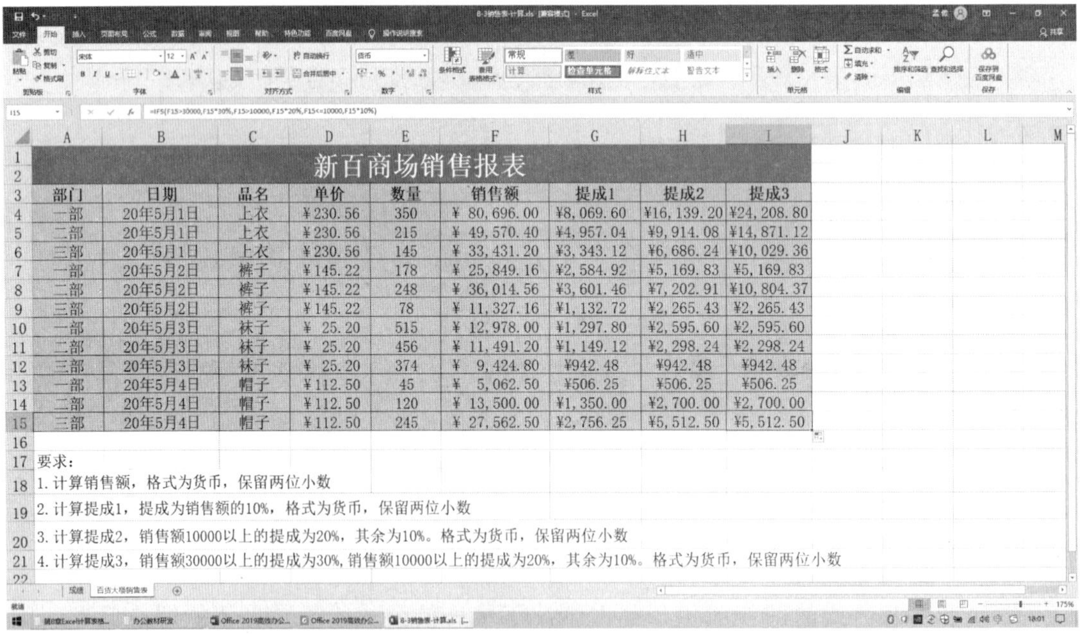

图 8-18　销售业绩表

● 项目制作流程

步骤01 计算销售额。选中F4单元格输入公式" =D4*E4"，按Enter键，按F4单元格填充句柄拖至F15单元格，或者双击填充句柄，结果如图8-19所示。

部门	日期	品名	单价	数量	销售额	提成1	提成2	提成3
一部	20年5月1日	上衣	¥230.56	350	¥ 80,696.00			
二部	20年5月1日	上衣	¥230.56	215	¥ 49,570.40			
三部	20年5月1日	上衣	¥230.56	145	¥ 33,431.20			
一部	20年5月2日	裤子	¥145.22	178	¥ 25,849.16			
二部	20年5月2日	裤子	¥145.22	248	¥ 36,014.56			
三部	20年5月2日	裤子	¥145.22	78	¥ 11,327.16			
一部	20年5月3日	袜子	¥ 25.20	515	¥ 12,978.00			
二部	20年5月3日	袜子	¥ 25.20	456	¥ 11,491.20			
三部	20年5月3日	袜子	¥ 25.20	374	¥ 9,424.80			
一部	20年5月4日	帽子	¥112.50	45	¥ 5,062.50			
二部	20年5月4日	帽子	¥112.50	120	¥ 13,500.00			
三部	20年5月4日	帽子	¥112.50	245	¥ 27,562.50			

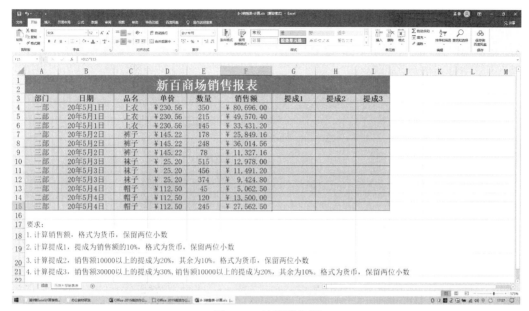

图 8-19　计算销售额

步骤02 计算提成1。选中G4单元格，输入公式“=F4*10%”，按Enter键，将G4单元格填充句柄拖拉至G15单元格，或者双击填充句柄，结果如图8-20所示。

部门	日期	品名	单价	数量	销售额	提成1	提成2	提成3
一部	20年5月1日	上衣	¥230.56	350	¥ 80,696.00	¥8,069.60		
二部	20年5月1日	上衣	¥230.56	215	¥ 49,570.40	¥4,957.04		
三部	20年5月1日	上衣	¥230.56	145	¥ 33,431.20	¥3,343.12		
一部	20年5月2日	裤子	¥145.22	178	¥ 25,849.16	¥2,584.92		
二部	20年5月2日	裤子	¥145.22	248	¥ 36,014.56	¥3,601.46		
三部	20年5月2日	裤子	¥145.22	78	¥ 11,327.16	¥1,132.72		
一部	20年5月3日	袜子	¥ 25.20	515	¥ 12,978.00	¥1,297.80		
二部	20年5月3日	袜子	¥ 25.20	456	¥ 11,491.20	¥1,149.12		
三部	20年5月3日	袜子	¥ 25.20	374	¥ 9,424.80	¥942.48		
一部	20年5月4日	帽子	¥112.50	45	¥ 5,062.50	¥506.25		
二部	20年5月4日	帽子	¥112.50	120	¥ 13,500.00	¥1,350.00		
三部	20年5月4日	帽子	¥112.50	245	¥ 27,562.50	¥2,756.25		

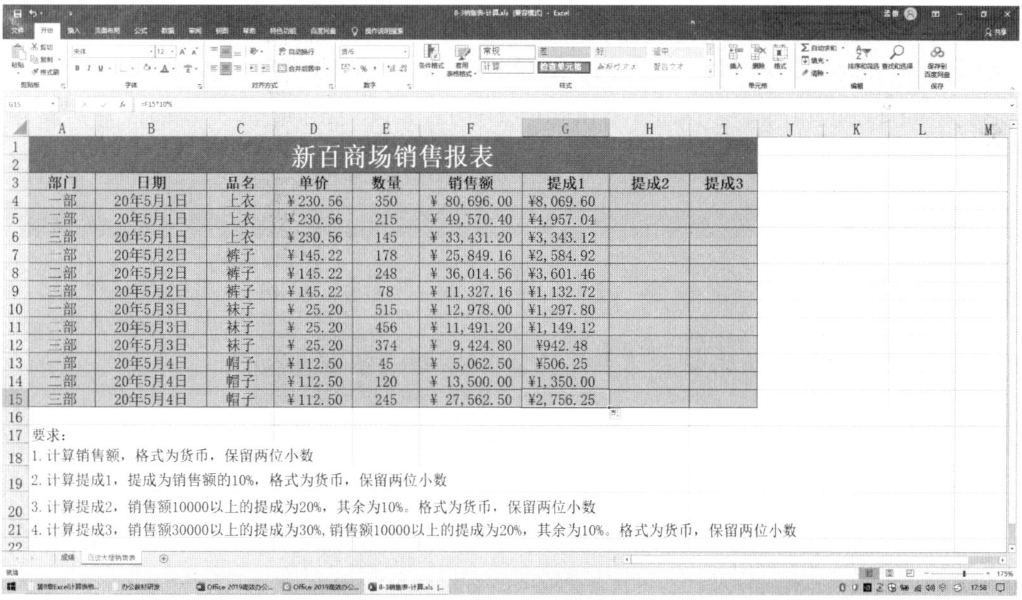

图 8-20　计算提成 1

步骤03 计算提成2。分析规则可知本题是根据条件求结果，因此选择使用IF函数。光标移至H4单元格，单击“fx”插入函数，选择“IF”，确定。函数参数如图8-21所示，即H4单元格公式为：=IF(F4>10000,F4*20%,F4*10%)，最后将填充句柄拖至G15或者双击句柄进行填充。

图 8-21　计算提成 2

步骤 04 计算提成3。分析规则可知，本题有多个判断条件且有多个结果，因此选择使用IFS函数。IFS函数是IF函数的升级版本，当多个条件存在时，IF函数的多层嵌套让人头晕目眩思维混沌，用IFS函数可以轻松搞定。光标移至I4单元格，单击"fx"插入函数，选择"IFS"确定，函数参数如图8-22所示，即I4单元格中输入文本：=IFS(F4>30000,F4*30%,F4>10000,F4*20%,F4<=10000,F4*10%)，最后将填充句柄拖至I15单元格或者双击句柄进行填充，即可完成计算。

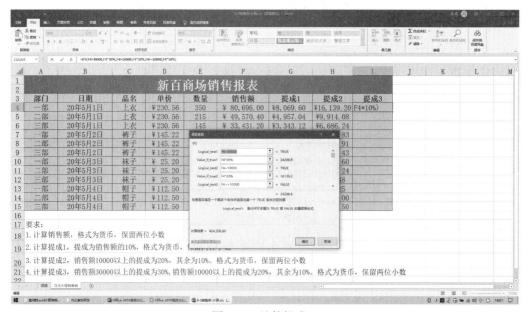

图 8-22　计算提成 3

● 项目延伸

Excel 2019的IFS函数，相比IF函数的多层嵌套方便快捷了许多。

<h1 style="text-align:center">∷∷∷∷∷∷ 8.4 经典函数的应用 ∷∷∷∷∷∷</h1>

"项目四"表格计算——经典常用函数

● 项目导入

有很多日常工作要用到函数，利用函数可以将烦琐的工作变得简单，提高工作效率。

● 项目剖析

Excel是办公室自动化中非常重要的一款软件，Excel函数是Excel中的内置函数。本节将介绍3个非常经典的函数：IF函数、VLOOKUP函数、DATEDIF函数。

下面看一个具体案例：从身份证号码中提取性别。本案例中将会用到IF、MOD、MID函数。身份证号码有18位：1~6位地址码，7~14位数字日期码，以及3位数字顺序码和1位数字校验码。其中第17位数字代表性别，奇数为男，偶数为女。本项目案例最终效果如图8-23所示。

工号	姓名	性别	身份证	籍贯	出生日期	年龄	入职时间	工龄(年)	工龄工资	基本工资
0001	张三	男	130105196608052339	河北省石家庄市新华区	1986/8/5	34	2000/07/01	19	30	3000
0002	赵二	女	130107195701032349	河北省石家庄市井陉矿区	1957/1/3	64	2006/08/03	13	30	3000
0003	刘四	男	130403196305192339	河北省邯郸市丛台区	1963/5/19	57	2004/07/26	15	30	3000
0004	李四	男	130406196807232339	河北省邯郸市峰峰矿区	1968/7/23	52	1999/08/01	20	30	3000
0005	孟五	男	130521197204242339	河北省邢台县	1972/4/24	48	2011/06/04	8	30	3000
0006	张一	男	130524197508172339	河北省柏乡县	1975/8/17	45	1998/04/21	21	30	3000
0007	周一	男	130121197801192339	河北省井陉县	1978/1/19	43	2002/05/22	17	30	3000
0008	李三	女	130121198208122309	河北省井陉县	1982/8/12	38	2005/08/15	14	30	3000
0009	周二	女	130525198312272369	河北省隆尧县	1983/12/27	37	2011/01/20	8	30	3000
0010	鲁二	女	130522197302122309	河北省临城县	1973/2/12	47	2008/08/08	11	30	3000
0011	孟六	女	130181196312042389	河北省辛集市	1963/12/4	57	2005/09/25	14	30	3000

图8-23 员工信息表

● 项目制作流程

步骤01 打开本案例素材文件。提取性别数据。在C2单元格中输入函数：=IF(MOD(MID(D2,17,1),2)=1,"男","女")，按Enter键，如图8-24所示。公式函数说明

如下:

MOD函数是求余函数,用法: =MOD(被除数,除数)。

MID函数是从字符串中指定位置返回指定数目的字符,用法:=MID(指定字符串,准备提取字符起始位置,提取字符串长度)。

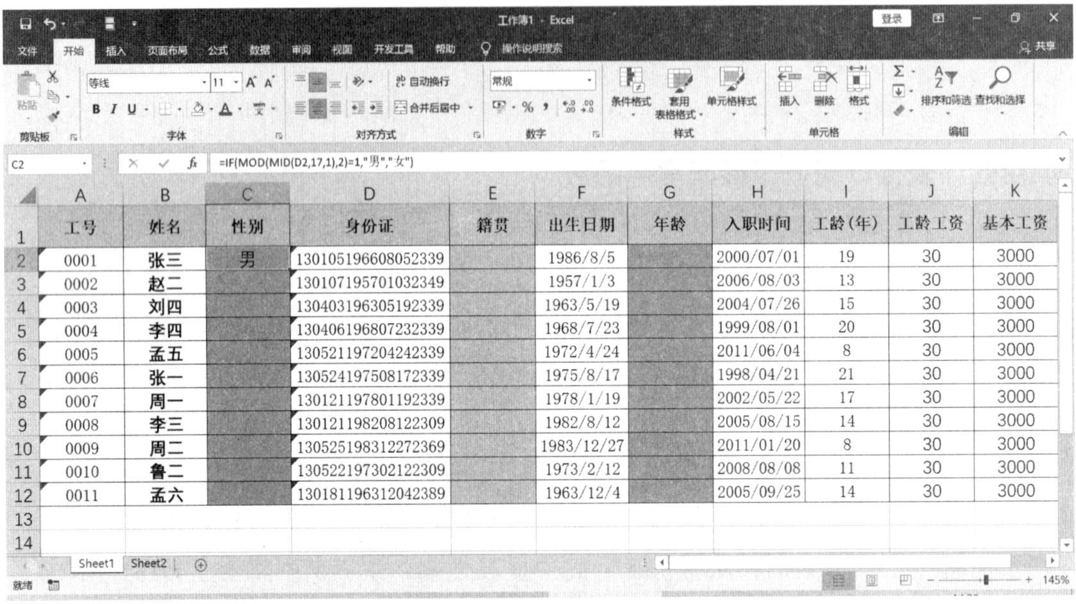

图 8-24 使用 IF 函数提取性别

步骤02 选中C2单元格,拖动其填充句柄至C12单元格,结果如图8-25所示。

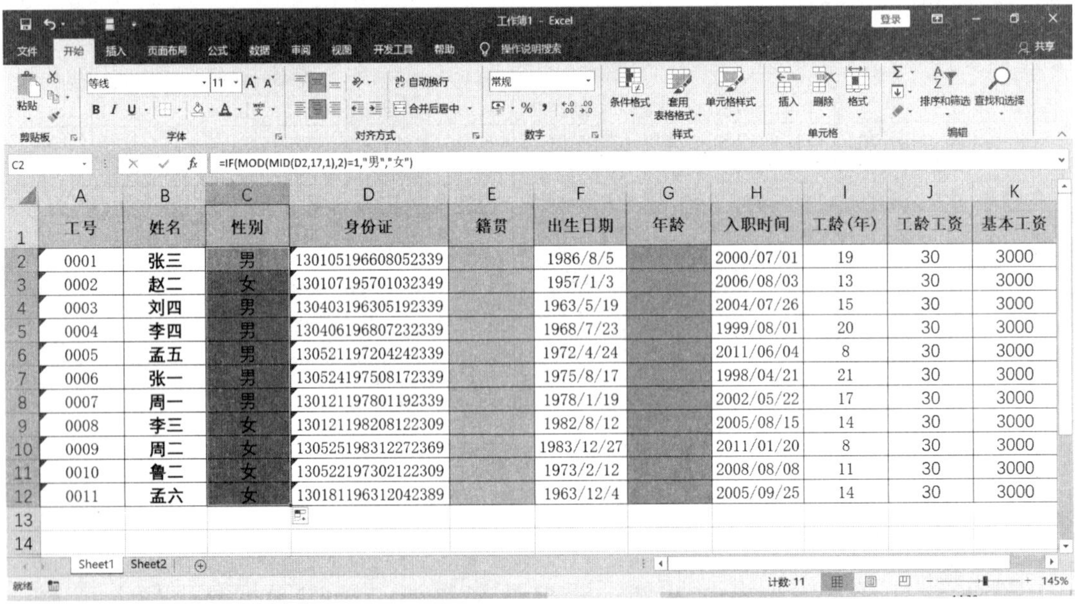

图 8-25 复制函数

步骤03 提取籍贯数据。在E2单元格中输入文本函数：=VLOOKUP(MID(D2,1,6)，行政区域划分!A:B,2,0)，按Enter键，结果如图8-26所示。函数说明如下：

VLOOKUP函数是非常重要的查找引用函数，用法：=VLOOKUP(lookup_value,table_array,col_index_num,[range_lookup])。

lookup_value：表示要查找的对象。

table_array：表示查找对象所在的表格区域。

col_index_num：表示要查找的数据在表格区域中处于第几列的列号。

range_lookup：表示查找类型，其中1表示近似匹配，0表示精确匹配。

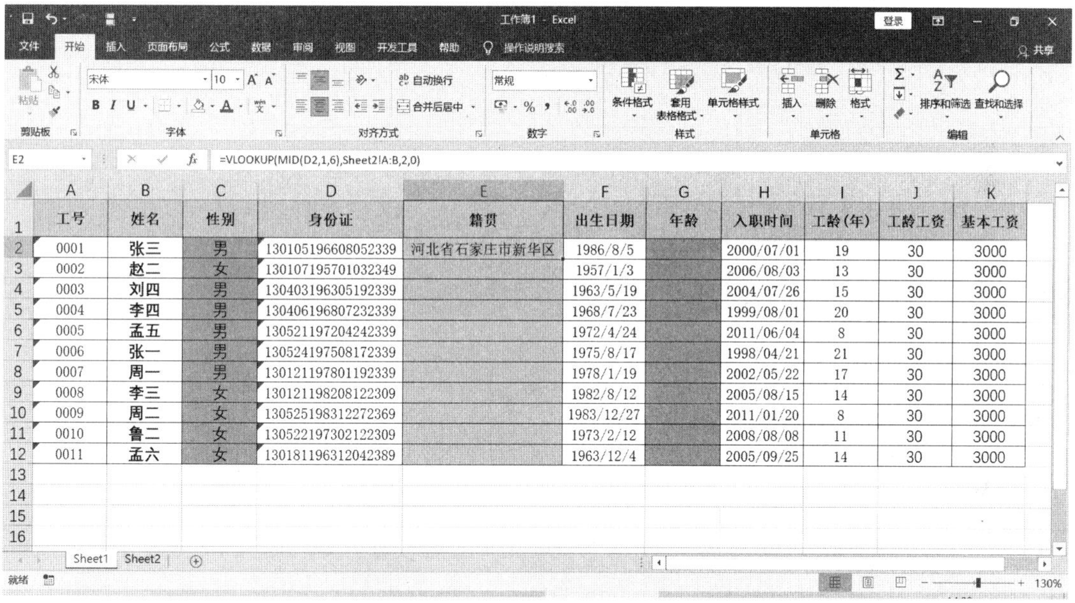

工号	姓名	性别	身份证	籍贯	出生日期	年龄	入职时间	工龄(年)	工龄工资	基本工资
0001	张三	男	130105196608052339	河北省石家庄市新华区	1986/8/5		2000/07/01	19	30	3000
0002	赵二	女	130107195701032349		1957/1/3		2006/08/03	13	30	3000
0003	刘四	男	130403196305192339		1963/5/19		2004/07/26	15	30	3000
0004	李四	男	130406196807232339		1968/7/23		1999/08/01	20	30	3000
0005	孟五	男	130521197204242339		1972/4/24		2011/06/04	8	30	3000
0006	张一	男	130524197508172339		1975/8/17		1998/04/21	21	30	3000
0007	周一	男	130121197801192339		1978/1/19		2002/05/22	17	30	3000
0008	李三	女	130121198208122309		1982/8/12		2005/08/15	14	30	3000
0009	周二	女	130525198312272369		1983/12/27		2011/01/20	8	30	3000
0010	鲁二	女	130522197302122309		1973/2/12		2008/08/08	11	30	3000
0011	孟六	女	130181196312042389		1963/12/4		2005/09/25	14	30	3000

图 8-26　使用 VLOOKUP 函数提取籍贯

步骤04 选中E2单元格，拖动其填充句柄至E12单元格，结果如图8-27所示。

步骤05 计算年龄。在G2单元格中输入函数：=DATEDIF(F2,TODAY(),“y”)，按Enter键，如图8-28所示。

函数说明：DATEDIF函数是Excel隐藏函数。 返回两个日期之间的年\月\日间隔数。

=DATEDIF（start_date,end_date,unit）

Start_date： 为一个日期，代表某时间段内的第一个日期或起始日期。

End_date： 为一个日期，代表某时间段内的最后一个日期或结束日期。

Unit： 为返回类型，“Y”年，“M”月，“D”天。

图 8-27　复制函数

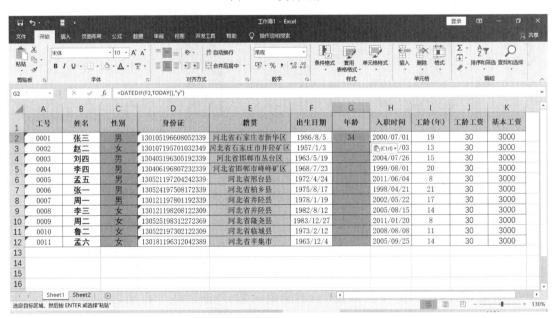

图 8-28　用 DATEDIF 函数计算年龄

步骤06 选中G2单元格，拖动其填充句柄至G12单元格，结果如图8-29所示。

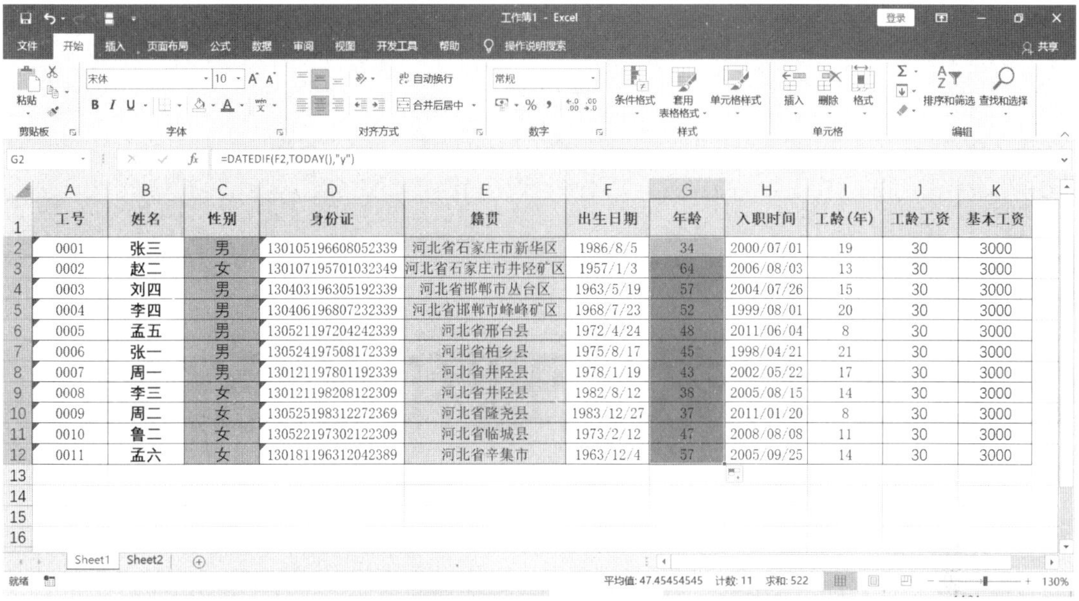

图8-29　复制函数

● 项目延伸

VLOOKUP函数是Excel的一个纵向查找函数，在日常工作中广泛应用。例如可以用来核对数据，在多个表格之间快速导入数据等。DATEDIF函数是Excel的隐藏函数，在Excel的函数列表中找不到这个函数，但它是一个非常有用的日期函数，作用是计算两个日期之间的年、月、日间隔数，常用来计算年龄、工龄等。

第 9 章

Excel 高效管理和数据分析

本章目标

◎ 掌握制作工资条的技巧
◎ 学会排序、筛选、分类汇总以及制作数据透视表和数据透视图
◎ 掌握图表的设计思路和制作方法

如今，使用Excel高效地处理和分析数据已是职场必备技能之一。本章将从工资条的制作，数据的排序、筛选、分类汇总，以及数据透视表和数据透视图的应用等方面展开讲解。

9.1 如何快速制作工资条

"项目一" Excel 高效管理与数据分析——工资条

● 项目导入

工资条分纸质版和电子版两种，记录了每个员工的月收入分项和收入总额。

● 项目剖析

电子工资条主要以电子邮件、手机短信、网页页面为载体，操作简单、保密性强。如今，电子工资条已逐渐取代了传统纸质工资条。

下面看一个具体案例，本项目案例最终效果如图9-1所示。

图 9-1 工资条

● **项目制作流程**

步骤01 打开本案例素材文件，如图9-2所示，在实发工资列后一列输入辅助列数字。

编号	姓名	出勤	岗位工资	全勤奖	补助	合计	社保	公积金	个税	请假扣款	迟到扣款	其他扣款	应扣合计	实发工资	
															****年*月员工工资表
1	张三	16	3000	0	200	3200.00	280	180	0	0	0	0	460.00	¥ 2,740.00	1
2	赵二	20	3000	300	200	3500.00	280	180	0	0	0	0	460.00	¥ 3,040.00	2
3	刘四	19	3000	0	200	3200.00	280	180	0	0	0	0	460.00	¥ 2,740.00	3
4	李四	20	3000	300	200	3500.00	280	180	0	0	0	0	460.00	¥ 3,040.00	4
5	孟五	19	3000	0	200	3200.00	280	180	0	0	0	0	460.00	¥ 2,740.00	5
6	张一	20	3000	300	200	3500.00	280	180	0	0	0	0	460.00	¥ 3,040.00	6
7	周一	20	3000	300	200	3500.00	280	180	0	0	0	0	460.00	¥ 3,040.00	7
8	李三	20	3000	300	200	3500.00	280	180	0	0	0	0	460.00	¥ 3,040.00	8
9	周二	19	3000	0	200	3200.00	280	180	0	0	0	0	460.00	¥ 2,740.00	9
10	张一	20	3000	300	200	3500.00	280	180	0	0	0	0	460.00	¥ 3,040.00	10
11	赵一	19	3000	0	200	3200.00	280	180	0	0	0	0	460.00	¥ 2,740.00	11
12	王五	20	3000	300	200	3500.00	280	180	0	0	0	0	460.00	¥ 3,040.00	12
13	冯三	19	3000	0	200	3200.00	280	180	0	0	0	0	460.00	¥ 2,740.00	13
14	张五	20	3000	300	200	3500.00	280	180	0	0	0	0	460.00	¥ 3,040.00	14
15	鲁一	19	3000	0	200	3200.00	280	180	0	0	0	0	460.00	¥ 2,740.00	15
16	刘三	20	3000	300	200	3500.00	280	180	0	0	0	0	460.00	¥ 3,040.00	16
17	张二	19	3000	0	200	3200.00	280	180	0	0	0	0	460.00	¥ 2,740.00	17
18	孟六	20	3000	300	200	3500.00	280	180	0	0	0	0	460.00	¥ 3,040.00	18
19	郝二	19	3000	0	200	3200.00	280	180	0	0	0	0	460.00	¥ 2,740.00	19
20	何一	20	3000	300	200	3500.00	280	180	0	0	0	0	460.00	¥ 3,040.00	20
21	顾四	19	3000	0	200	3200.00	280	180	0	0	0	0	460.00	¥ 2,740.00	21
22	韩二	20	3000	300	200	3500.00	280	180	0	0	0	0	460.00	¥ 3,040.00	22
23	贺一	19	3000	0	200	3200.00	280	180	0	0	0	0	460.00	¥ 2,740.00	23
24	朱二	20	3000	300	200	3500.00	280	180	0	0	0	0	460.00	¥ 3,040.00	24
25	刘六	19	3000	0	200	3200.00	280	180	0	0	0	0	460.00	¥ 2,740.00	25
26	姚三	20	3000	300	200	3500.00	280	180	0	0	0	0	460.00	¥ 3,040.00	26
27	吴二	19	3000	0	200	3200.00	280	180	0	0	0	0	460.00	¥ 2,740.00	27
28	吴四	20	3000	300	200	3500.00	280	180	0	0	0	0	460.00	¥ 3,040.00	28
29	唐三	19	3000	0	200	3200.00	280	180	0	0	0	0	460.00	¥ 2,740.00	29
30	周六	20	3000	300	200	3500.00	280	180	0	0	0	0	460.00	¥ 3,040.00	30
															1.1
															2.1

图 9-2 添加辅助列

步骤02 将光标定位到辅助列中，单击"数据"→"排序和筛选"→"升序"进行排序，如图9-3所示。

编号	姓名	出勤	岗位工资	全勤奖	补助	合计	社保	公积金	个税	请假扣款	迟到扣款	其他扣款	应扣合计	实发工资	
															****年*月员工工资表
1	张三	16	3000	0	200	3200.00	280	180	0	0	0	0	460.00	¥ 2,740.00	1
															1.1
2	赵二	20	3000	300	200	3500.00	280	180	0	0	0	0	460.00	¥ 3,040.00	2
															2.1
3	刘四	19	3000	0	200	3200.00	280	180	0	0	0	0	460.00	¥ 2,740.00	3
															3.1
4	李四	20	3000	300	200	3500.00	280	180	0	0	0	0	460.00	¥ 3,040.00	4
															4.1
5	孟五	19	3000	0	200	3200.00	280	180	0	0	0	0	460.00	¥ 2,740.00	5
															5.1
6	张一	20	3000	300	200	3500.00	280	180	0	0	0	0	460.00	¥ 3,040.00	6
															6.1
7	周一	20	3000	300	200	3500.00	280	180	0	0	0	0	460.00	¥ 3,040.00	7
															7.1
8	李三	20	3000	300	200	3500.00	280	180	0	0	0	0	460.00	¥ 3,040.00	8
															8.1
9	周二	19	3000	0	200	3200.00	280	180	0	0	0	0	460.00	¥ 2,740.00	9
															9.1
10	张一	20	3000	300	200	3500.00	280	180	0	0	0	0	460.00	¥ 3,040.00	10
															10.1
11	赵一	19	3000	0	200	3200.00	280	180	0	0	0	0	460.00	¥ 2,740.00	11
															11.1
12	王五	20	3000	300	200	3500.00	280	180	0	0	0	0	460.00	¥ 3,040.00	12
															12.1
13	冯三	19	3000	0	200	3200.00	280	180	0	0	0	0	460.00	¥ 2,740.00	13
															13.1
14	张五	20	3000	300	200	3500.00	280	180	0	0	0	0	460.00	¥ 3,040.00	14
															14.1
15	鲁一	19	3000	0	200	3200.00	280	180	0	0	0	0	460.00	¥ 2,740.00	15
															15.1
16	刘三	20	3000	300	200	3500.00	280	180	0	0	0	0	460.00	¥ 3,040.00	16
															16.1

图 9-3 辅助列排序

步骤03 选中A3:O61单元格，单击"开始"→"编辑"→"查找和选择"→"定位条件"，选择"空值"，如图9-4所示，单击"确定"。

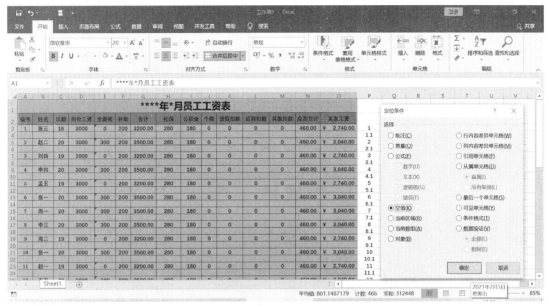

图9-4　定位空值

步骤04 选中所有空值后，输入公式"=A2"，按键盘上的组合键Ctrl+Enter，此时所有空值会同步录入公式，如图9-5所示。

图9-5　空值录入公式

步骤05 删除原有辅助列所有数据，输入如图9-6所示新的辅助列数据。

编号	姓名	出勤	岗位工资	全勤奖	补助	合计	社保	公积金	个税	请假扣款	迟到扣款	其他扣款	应扣合计	实发工资	

****年*月员工工资表

编号	姓名	出勤	岗位工资	全勤奖	补助	合计	社保	公积金	个税	请假扣款	迟到扣款	其他扣款	应扣合计	实发工资	
1	张三	16	3000	0	200	3200.00	280	180	0	0	0	0	460.00	¥ 2,740.00	1
编号	姓名	出勤	岗位工资	全勤奖	补助	合计	社保	公积金	个税	请假扣款	迟到扣款	其他扣款	应扣合计	实发工资	2
2	赵二	20	3000	300	200	3500.00	280	180	0	0	0	0	460.00	¥ 3,040.00	3
编号	姓名	出勤	岗位工资	全勤奖	补助	合计	社保	公积金	个税	请假扣款	迟到扣款	其他扣款	应扣合计	实发工资	4
3	刘四	19	3000	0	200	3200.00	280	180	0	0	0	0	460.00	¥ 2,740.00	5
编号	姓名	出勤	岗位工资	全勤奖	补助	合计	社保	公积金	个税	请假扣款	迟到扣款	其他扣款	应扣合计	实发工资	6
4	李四	20	3000	300	200	3500.00	280	180	0	0	0	0	460.00	¥ 3,040.00	7
编号	姓名	出勤	岗位工资	全勤奖	补助	合计	社保	公积金	个税	请假扣款	迟到扣款	其他扣款	应扣合计	实发工资	8
5	孟五	19	3000	0	200	3200.00	280	180	0	0	0	0	460.00	¥ 2,740.00	9
编号	姓名	出勤	岗位工资	全勤奖	补助	合计	社保	公积金	个税	请假扣款	迟到扣款	其他扣款	应扣合计	实发工资	10
6	张一	20	3000	300	200	3500.00	280	180	0	0	0	0	460.00	¥ 3,040.00	11
编号	姓名	出勤	岗位工资	全勤奖	补助	合计	社保	公积金	个税	请假扣款	迟到扣款	其他扣款	应扣合计	实发工资	12
7	周一	20	3000	300	200	3500.00	280	180	0	0	0	0	460.00	¥ 3,040.00	13
编号	姓名	出勤	岗位工资	全勤奖	补助	合计	社保	公积金	个税	请假扣款	迟到扣款	其他扣款	应扣合计	实发工资	14
8	李三	20	3000	300	200	3500.00	280	180	0	0	0	0	460.00	¥ 3,040.00	15
编号	姓名	出勤	岗位工资	全勤奖	补助	合计	社保	公积金	个税	请假扣款	迟到扣款	其他扣款	应扣合计	实发工资	16
9	周二	19	3000	0	200	3200.00	280	180	0	0	0	0	460.00	¥ 2,740.00	17
编号	姓名	出勤	岗位工资	全勤奖	补助	合计	社保	公积金	个税	请假扣款	迟到扣款	其他扣款	应扣合计	实发工资	18
10	张一	20	3000	300	200	3500.00	280	180	0	0	0	0	460.00	¥ 3,040.00	19
编号	姓名	出勤	岗位工资	全勤奖	补助	合计	社保	公积金	个税	请假扣款	迟到扣款	其他扣款	应扣合计	实发工资	20
11	赵一	19	3000	0	200	3200.00	280	180	0	0	0	0	460.00	¥ 2,740.00	21
编号	姓名	出勤	岗位工资	全勤奖	补助	合计	社保	公积金	个税	请假扣款	迟到扣款	其他扣款	应扣合计	实发工资	22
12	王五	20	3000	300	200	3500.00	280	180	0	0	0	0	460.00	¥ 3,040.00	23
编号	姓名	出勤	岗位工资	全勤奖	补助	合计	社保	公积金	个税	请假扣款	迟到扣款	其他扣款	应扣合计	实发工资	24
13	冯三	19	3000	0	200	3200.00	280	180	0	0	0	0	460.00	¥ 2,740.00	25
编号	姓名	出勤	岗位工资	全勤奖	补助	合计	社保	公积金	个税	请假扣款	迟到扣款	其他扣款	应扣合计	实发工资	26
14	张五	20	3000	300	200	3500.00	280	180	0	0	0	0	460.00	¥ 3,040.00	27
编号	姓名	出勤	岗位工资	全勤奖	补助	合计	社保	公积金	个税	请假扣款	迟到扣款	其他扣款	应扣合计	实发工资	28
15	鲁一	19	3000	0	200	3200.00	280	180	0	0	0	0	460.00	¥ 2,740.00	29
编号	姓名	出勤	岗位工资	全勤奖	补助	合计	社保	公积金	个税	请假扣款	迟到扣款	其他扣款	应扣合计	实发工资	30
16	刘三	20	3000	300	200	3500.00	280	180	0	0	0	0	460.00	¥ 3,040.00	31
编号	姓名	出勤	岗位工资	全勤奖	补助	合计	社保	公积金	个税	请假扣款	迟到扣款	其他扣款	应扣合计	实发工资	32
17	张二	19	3000	0	200	3200.00	280	180	0	0	0	0	460.00	¥ 2,740.00	33
编号	姓名	出勤	岗位工资	全勤奖	补助	合计	社保	公积金	个税	请假扣款	迟到扣款	其他扣款	应扣合计	实发工资	34
18	孟六	20	3000	300	200	3500.00	280	180	0	0	0	0	460.00	¥ 3,040.00	35
编号	姓名	出勤	岗位工资	全勤奖	补助	合计	社保	公积金	个税	请假扣款	迟到扣款	其他扣款	应扣合计	实发工资	36
19	郝二	19	3000	0	200	3200.00	280	180	0	0	0	0	460.00	¥ 2,740.00	37
编号	姓名	出勤	岗位工资	全勤奖	补助	合计	社保	公积金	个税	请假扣款	迟到扣款	其他扣款	应扣合计	实发工资	38
20	何一	20	3000	300	200	3500.00	280	180	0	0	0	0	460.00	¥ 3,040.00	39
编号	姓名	出勤	岗位工资	全勤奖	补助	合计	社保	公积金	个税	请假扣款	迟到扣款	其他扣款	应扣合计	实发工资	40
21	顾四	19	3000	0	200	3200.00	280	180	0	0	0	0	460.00	¥ 2,740.00	41
编号	姓名	出勤	岗位工资	全勤奖	补助	合计	社保	公积金	个税	请假扣款	迟到扣款	其他扣款	应扣合计	实发工资	42
22	韩二	20	3000	300	200	3500.00	280	180	0	0	0	0	460.00	¥ 3,040.00	43
编号	姓名	出勤	岗位工资	全勤奖	补助	合计	社保	公积金	个税	请假扣款	迟到扣款	其他扣款	应扣合计	实发工资	44
23	贺一	19	3000	0	200	3200.00	280	180	0	0	0	0	460.00	¥ 2,740.00	45
编号	姓名	出勤	岗位工资	全勤奖	补助	合计	社保	公积金	个税	请假扣款	迟到扣款	其他扣款	应扣合计	实发工资	46
24	朱二	20	3000	300	200	3500.00	280	180	0	0	0	0	460.00	¥ 3,040.00	47
编号	姓名	出勤	岗位工资	全勤奖	补助	合计	社保	公积金	个税	请假扣款	迟到扣款	其他扣款	应扣合计	实发工资	48
25	刘六	19	3000	0	200	3200.00	280	180	0	0	0	0	460.00	¥ 2,740.00	49
编号	姓名	出勤	岗位工资	全勤奖	补助	合计	社保	公积金	个税	请假扣款	迟到扣款	其他扣款	应扣合计	实发工资	50
26	姚三	20	3000	300	200	3500.00	280	180	0	0	0	0	460.00	¥ 3,040.00	51
编号	姓名	出勤	岗位工资	全勤奖	补助	合计	社保	公积金	个税	请假扣款	迟到扣款	其他扣款	应扣合计	实发工资	52
27	吴二	19	3000	0	200	3200.00	280	180	0	0	0	0	460.00	¥ 2,740.00	53
编号	姓名	出勤	岗位工资	全勤奖	补助	合计	社保	公积金	个税	请假扣款	迟到扣款	其他扣款	应扣合计	实发工资	54
28	吴四	20	3000	300	200	3500.00	280	180	0	0	0	0	460.00	¥ 3,040.00	55
编号	姓名	出勤	岗位工资	全勤奖	补助	合计	社保	公积金	个税	请假扣款	迟到扣款	其他扣款	应扣合计	实发工资	56
29	虞三	19	3000	0	200	3200.00	280	180	0	0	0	0	460.00	¥ 2,740.00	57
编号	姓名	出勤	岗位工资	全勤奖	补助	合计	社保	公积金	个税	请假扣款	迟到扣款	其他扣款	应扣合计	实发工资	58
30	周六	20	3000	300	200	3500.00	280	180	0	0	0	0	460.00	¥ 3,040.00	59

1.1, 3.1, 5.1, 7.1, 9.1, 11.1, 13.1, 15.1, 17.1, 19.1, 21.1, 23.1

图9-6　新辅助列

步骤06 选中工资表区域，执行复制后，单击"开始"→"剪贴板"→"粘贴"→"粘贴数值"→"值"，如图9-7所示。

图9-7 粘贴值

步骤07 光标定位到辅助列中，单击"数据"→"排序和筛选"→"升序"，结果如图9-8所示。

	姓名	出勤	岗位工资	全勤奖	补助	合计		社保	公积金	个税	请假扣款	迟到扣款	其他扣款	应扣合计	实发工资		

****年*月员工工资表

编号	姓名	出勤	岗位工资	全勤奖	补助	合计	社保	公积金	个税	请假扣款	迟到扣款	其他扣款	应扣合计	实发工资		
1	张三	16	3000	0	200	3200.00	280	180	0	0	0	0	460.00	¥ 2,740.00	1	
															1.1	
编号	姓名	出勤	岗位工资	全勤奖	补助	合计	社保	公积金	个税	请假扣款	迟到扣款	其他扣款	应扣合计	实发工资	2	
2	赵二	20	3000	300	200	3500.00	280	180	0	0	0	0	460.00	¥ 3,040.00	3	
															3.1	
编号	姓名	出勤	岗位工资	全勤奖	补助	合计	社保	公积金	个税	请假扣款	迟到扣款	其他扣款	应扣合计	实发工资		
3	刘四	19	3000	0	200	3200.00	280	180	0	0	0	0	460.00	¥ 2,740.00	5	
															5.1	
编号	姓名	出勤	岗位工资	全勤奖	补助	合计	社保	公积金	个税	请假扣款	迟到扣款	其他扣款	应扣合计	实发工资	6	
4	李四	20	3000	300	200	3500.00	280	180	0	0	0	0	460.00	¥ 3,040.00	7	
															7.1	
编号	姓名	出勤	岗位工资	全勤奖	补助	合计	社保	公积金	个税	请假扣款	迟到扣款	其他扣款	应扣合计	实发工资	8	
5	孟五	19	3000	0	200	3200.00	280	180	0	0	0	0	460.00	¥ 2,740.00	9	
															9.1	
编号	姓名	出勤	岗位工资	全勤奖	补助	合计	社保	公积金	个税	请假扣款	迟到扣款	其他扣款	应扣合计	实发工资	10	
6	张一	20	3000	300	200	3500.00	280	180	0	0	0	0	460.00	¥ 3,040.00	11	
															11.1	
编号	姓名	出勤	岗位工资	全勤奖	补助	合计	社保	公积金	个税	请假扣款	迟到扣款	其他扣款	应扣合计	实发工资	13	
7	周一	20	3000	300	200	3500.00	280	180	0	0	0	0	460.00	¥ 3,040.00	13	
															13.1	
编号	姓名	出勤	岗位工资	全勤奖	补助	合计	社保	公积金	个税	请假扣款	迟到扣款	其他扣款	应扣合计	实发工资	14	
8	李三	20	3000	300	200	3500.00	280	180	0	0	0	0	460.00	¥ 3,040.00	15	
															15.1	
编号	姓名	出勤	岗位工资	全勤奖	补助	合计	社保	公积金	个税	请假扣款	迟到扣款	其他扣款	应扣合计	实发工资	16	
9	周二	19	3000	0	200	3200.00	280	180	0	0	0	0	460.00	¥ 2,740.00	17	
															17.1	
编号	姓名	出勤	岗位工资	全勤奖	补助	合计	社保	公积金	个税	请假扣款	迟到扣款	其他扣款	应扣合计	实发工资	18	
10	张一	20	3000	300	200	3500.00	280	180	0	0	0	0	460.00	¥ 3,040.00	19	
															19.1	
编号	姓名	出勤	岗位工资	全勤奖	补助	合计	社保	公积金	个税	请假扣款	迟到扣款	其他扣款	应扣合计	实发工资	20	
11	赵一	19	3000	0	200	3200.00	280	180	0	0	0	0	460.00	¥ 2,740.00	21	
															21.1	
编号	姓名	出勤	岗位工资	全勤奖	补助	合计	社保	公积金	个税	请假扣款	迟到扣款	其他扣款	应扣合计	实发工资		

图9-8 升序

步骤08 删除辅助列，选中整个工资表设置边框，如图9-9所示。

图9-9　设置边框

步骤09 选中第一个空行，删除列框线，如图9-10所示。

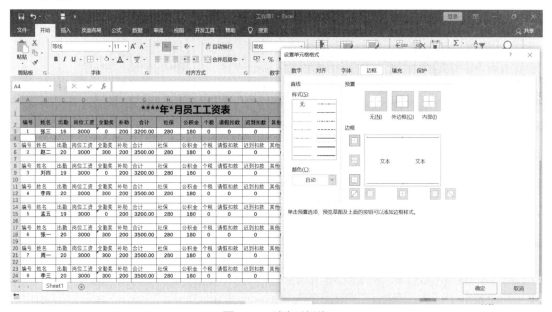

图9-10　删除列框线

步骤10 选中工资表前3行，单击"开始"→"剪贴板"，双击"格式刷"，选中工资表其他表格区域，工资条制作完成，如图9-11所示。

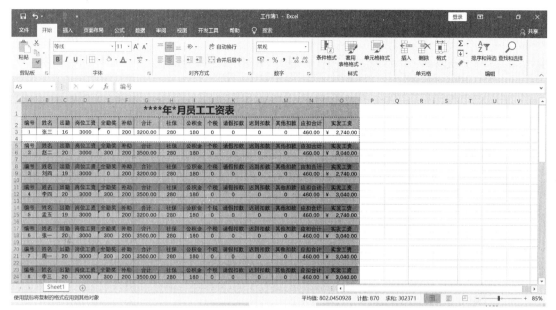

图 9-11　工资条

● 项目延伸

用Excel制作工资条，操作简单、保密性好，在发送过程中不产生任何费用，还可节约纸张，并大幅度提高财务人员的工作效率。

:::::::::: 9.2　多条件排序 ::::::::::

"项目二" Excel 高效管理与数据分析——多条件排序

● 项目导入

为了方便查阅数据，经常要将数据按照一定的查询条件进行排列，这时可以用Excel 2019中的排序功能。有时候，使用一个条件排序，得到的结果不能满足要求，需要多添加条件才可以将数据进行有效的排序。

● 项目剖析

在本案例中，由于人口信息填写顺序出现了错误，一家人的信息没有排列在一起。为了方便查阅，需要将个人信息按一定的顺序重新进行排列。这里排序有两个条件，首先按户籍排序，然后在每个家庭中按每个成员与户主的关系再排序，最终效果如图9-12所示。

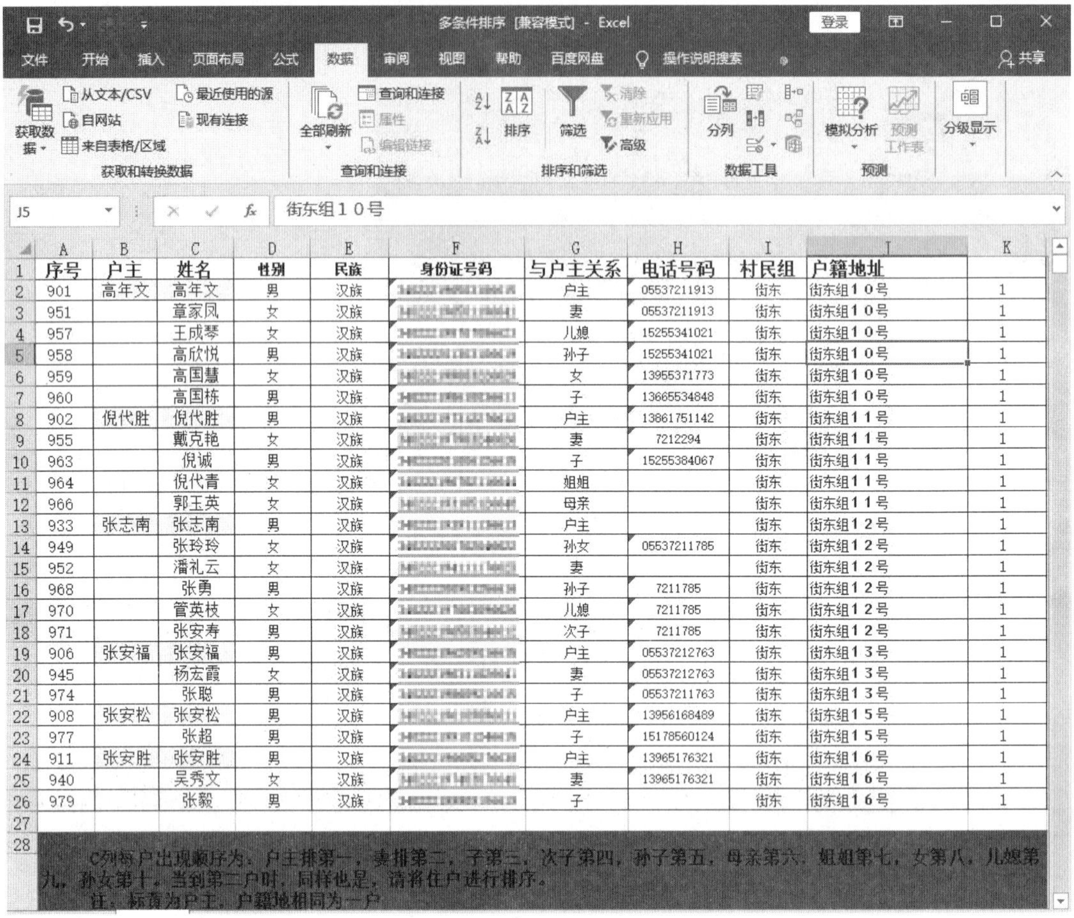

图9-12　多条件排序

● **项目制作流程**

步骤01 打开本案例素材文件，选中表格中任意一个单元格，注意不要刻意选中某行、某列或某个区域，然后单击"数据"→"排序和筛选"→"排序"，在弹出的对话框中选择排序条件，如图9-13所示。

步骤02 单击"添加条件"，在添加的次要关键字一栏中选择"与户主关系"，如图9-14所示。"次序"中没有案例所需要的选项，此时单击"自定义序列"的"输入序列"一栏，单击右侧的"添加"，将新序列内容添加到左侧的自定义序列中，如图9-15所示。

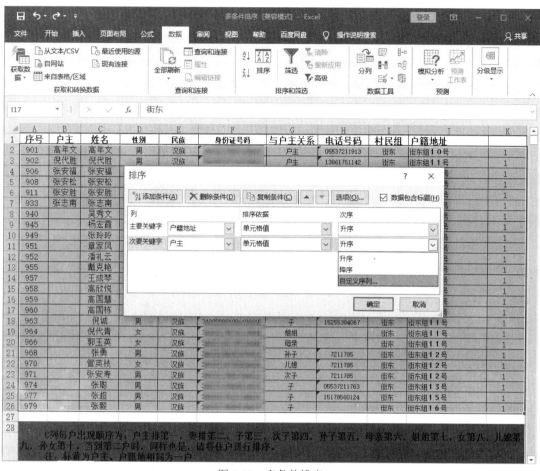

图9-13　多条件排序

图9-14　输入排序条件

图9-15　添加自定义序列

步骤03 单击"确定"排序条件设置完成，主要关键字按升序排列，次要关键字按自定义次序进行排列，如图9-16所示。

图 9-16 多条件自定义排序

步骤04 在"次序"中选择新添加的自定义次序，然后单击"确定"，就得到如图9-17所示的排序结果。

A	B	C	D	E	F	G	H	I	J	K
序号	户主	姓名	性别	民族	身份证号码	与户主关系	电话号码	村民组	户籍地址	
901	高年文	高年文	男	汉族		户主	05537211913	街东	街东组１０号	1
951		章家凤	女	汉族		妻	05537211913	街东	街东组１０号	1
957		王成琴	女	汉族		儿媳	15255341021	街东	街东组１０号	1
958		高欣悦	男	汉族		孙子	15255341021	街东	街东组１０号	1
959		高国慧	女	汉族		女	13955371773	街东	街东组１０号	1
960		高国栋	男	汉族		子	13665534848	街东	街东组１０号	1
902	倪代胜	倪代胜	男	汉族		户主	13861751142	街东	街东组１１号	1
955		戴克艳	女	汉族		妻	7212294	街东	街东组１１号	1
963		倪诚	男	汉族		子	15255304007	街东	街东组１１号	1
964		倪代青	女	汉族		姐姐		街东	街东组１１号	1
966		郭玉英	女	汉族		母亲		街东	街东组１１号	1
933	张志南	张志南	男	汉族		户主		街东	街东组１２号	1
949		张玲玲	女	汉族		孙女	05537211785	街东	街东组１２号	1
952		潘礼云	女	汉族		妻		街东	街东组１２号	1
968		张勇	男	汉族		孙子	7211785	街东	街东组１２号	1
970		管英枝	女	汉族		儿媳	7211785	街东	街东组１２号	1
971		张安寿	男	汉族		次子	7211785	街东	街东组１２号	1
906	张安福	张安福	男	汉族		户主	05537212763	街东	街东组１３号	1
945		杨宏霞	女	汉族		妻	05537212763	街东	街东组１３号	1
974		张聪	男	汉族		子	05537211763	街东	街东组１３号	1
908	张安松	张安松	男	汉族		户主	13956168489	街东	街东组１５号	1
977		张超	男	汉族		子	15178560124	街东	街东组１５号	1
911	张安胜	张安胜	男	汉族		户主	13965176321	街东	街东组１６号	1
940		吴秀文	女	汉族		妻	13965176321	街东	街东组１６号	1
979		张毅	男	汉族		子		街东	街东组１６号	1

C列每户出现顺序为：户主排第一，妻排第二，子第三，次子第四，孙子第五，母亲第六，姐姐第七，女第八，儿媳第九，孙女第十。当到第二户时，同样也是，请将此户进行排序。

注：标黄为户主，户籍地相同为一户。

图 9-17 排序后效果图

● 项目延伸

在工作中，多条件筛选的问题会经常遇到。如年终奖金的发放可以利用多条件排序排出为企业做贡献多的人，制作成绩单可以利用多条件排序的方法排出成绩较好的同学等。

9.3　多条件筛选

"项目三" Excel 高效管理与数据分析——多条件筛选

● 项目导入

数据量较大时，查询一种商品、一个地区、一个城市或一名员工的信息，仅仅靠排序是无法快速完成的，此时可以用筛选的方法将所需数据从信息库中筛选出来。

筛选一般可分为单条件筛选和多条件筛选。对所需数据要求越精确，在筛选时就需要添加更多的附加筛选条件，这样筛选出来的结果才越准确。

自动筛选

● 项目剖析

本案例要求从一家贸易公司的全年销售数据中筛选出石家庄销售的花生和牛奶。数据包含各地区、城市、产品、销售人员、销售量及销售金额等项，可使用自动筛选的方法进行筛选，最终效果如图9-18所示。

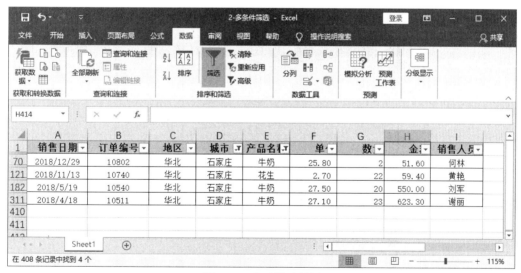

图 9-18　自动筛选效果

● 项目制作流程

步骤01 打开案例素材，选中表格中任意一个单元格，单击"数据"→"排序和筛选"→"筛选"，在表格所有列标识上添加筛选下拉按钮，如图9-19所示。单击相应下拉按钮，输入筛选条件，如图9-20、图9-21所示。

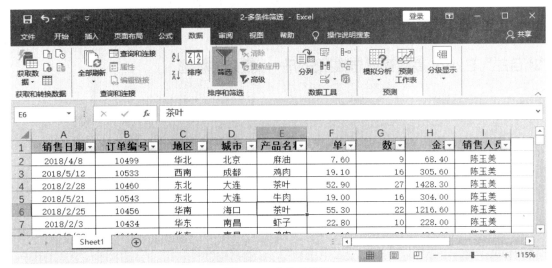

图 9-19　多条件筛选

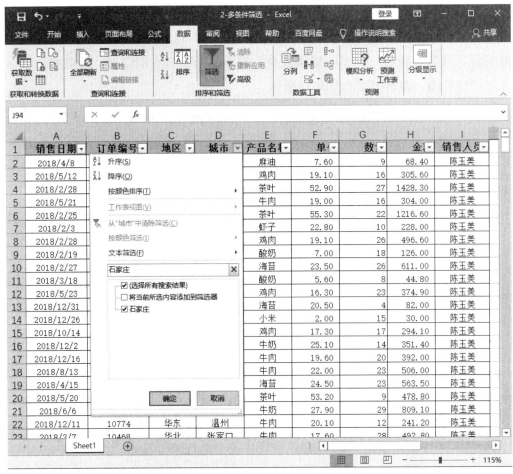

图 9-20　选择第一个条件

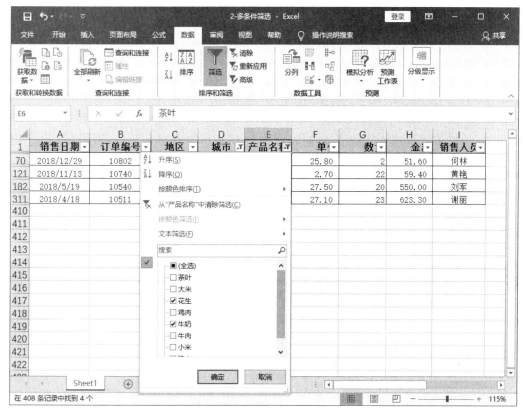

图 9-21 选择第二个条件

步骤 02 单击"确定",结果如图9-22所示。

	A	B	C	D	E	F	G	H	I
1	销售日期	订单编号	地区	城市	产品名称	单价	数量	金额	销售人员
70	2018/12/29	10802	华北	石家庄	牛奶	25.80	2	51.60	何林
121	2018/11/13	10740	华北	石家庄	花生	2.70	22	59.40	黄艳
182	2018/5/19	10540	华北	石家庄	牛奶	27.50	20	550.00	刘军
311	2018/4/18	10511	华北	石家庄	牛奶	27.10	23	623.30	谢丽
410									
411									
412									
413									

在 408 条记录中找到 4 个

图 9-22 筛选结果

高级筛选

● 项目剖析

有时候在进行多条件筛选时会出现条件冲突的问题，如果还是用自动筛选，只是多加几个条件，是不能正常筛选的，此时需要用到高级筛选功能。

本案例要求筛选出全国的茶叶和石家庄的花生。在这里，第一个筛选条件是筛选出全国的茶叶，第二个筛选条件是石家庄的花生，而石家庄包含在全国的城市中，如果用自动筛选，两个条件相互冲突，无法进行筛选，所以此时需要用高级筛选来解决。

下面看一个高级筛选的具体案例，本项目案例最终效果如图9-23所示。

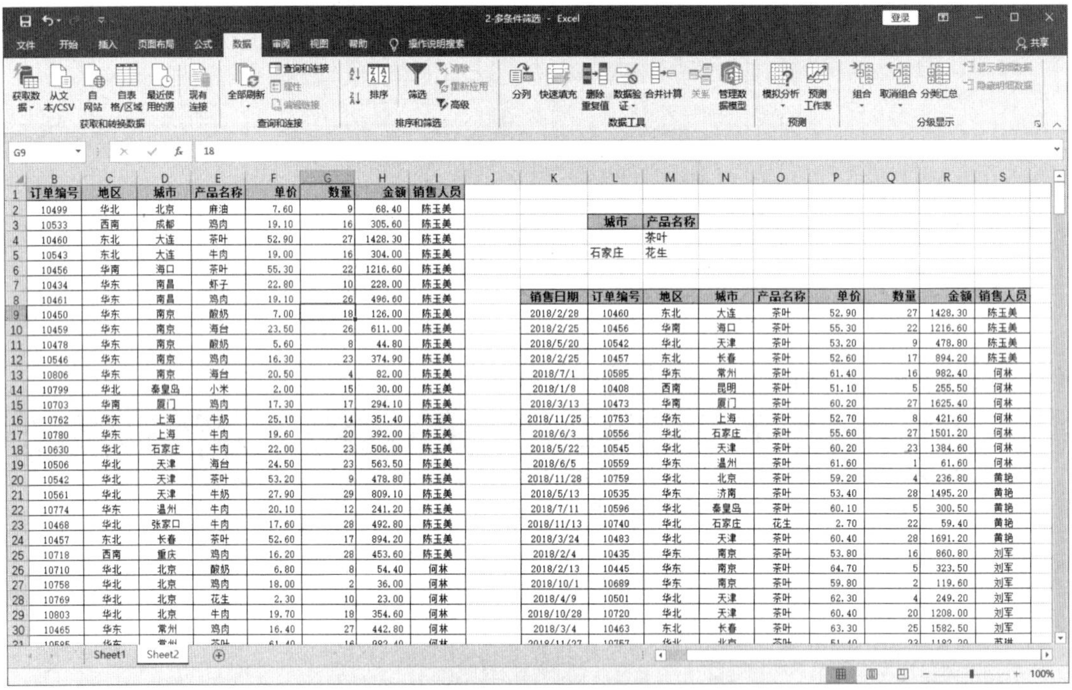

图9-23　高级筛选效果

● 项目制作流程

步骤01　在表格空白处，如L3:M5单元格区域设置筛选条件，如图9-24所示。注意，筛选条件的名称要和表头中的一致，否则将无法筛选。

步骤02　将鼠标放在数据有效区域，单击"数据"→"排序和筛选"→"高级筛选"，在弹出的对话框中设置"条件区域"和"复制到"（结果的放置位置），如图9-25所示。

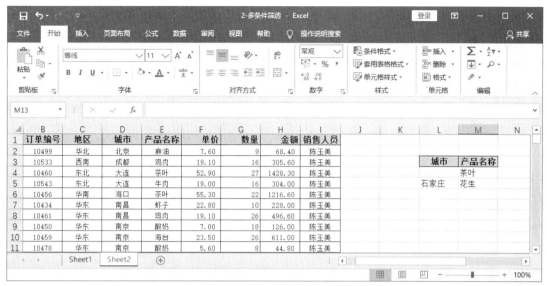

图 9-24　设置筛选条件

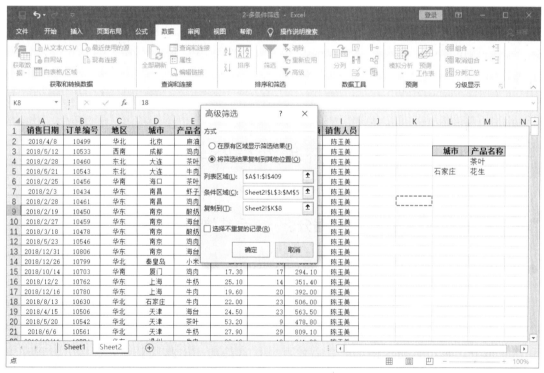

图 9-25　高级筛选

步骤03 单击“确定”，得到如下筛选结果，如图9-26所示。

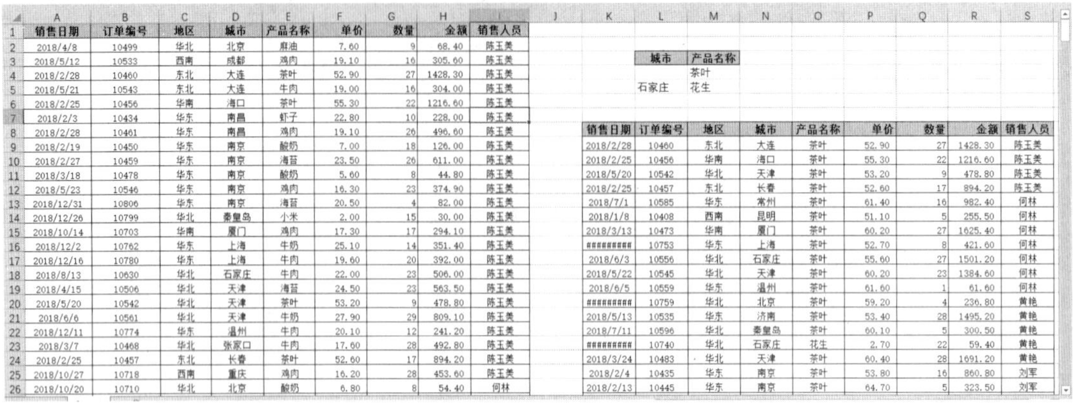

	A	B	C	D	E	F	G	H	I
1	销售日期	订单编号	地区	城市	产品名称	单价	数量	金额	销售人员
2	2018/4/8	10499	华北	北京	麻油	7.60	9	68.40	陈玉美
3	2018/5/12	10533	西南	成都	鸡肉	19.10	16	305.60	陈玉美
4	2018/2/28	10460	东北	大连	茶叶	52.90	27	1428.30	陈玉美
5	2018/5/21	10543	东北	大连	牛肉	19.00	16	304.00	陈玉美
6	2018/2/25	10456	华南	海口	茶叶	55.30	22	1216.60	陈玉美
7	2018/2/3	10434	华东	南昌	虾子	22.80	10	228.00	陈玉美
8	2018/2/28	10461	华东	南昌	鸡肉	19.10	26	496.60	陈玉美
9	2018/2/19	10450	华东	南京	酸奶	7.00	18	126.00	陈玉美
10	2018/2/27	10459	华东	南京	海苔	23.50	26	611.00	陈玉美
11	2018/3/18	10478	华东	南京	酸奶	5.60	8	44.80	陈玉美
12	2018/5/23	10546	华东	南京	鸡肉	16.30	23	374.90	陈玉美
13	2018/12/31	10806	华东	南京	海苔	20.50	4	82.00	陈玉美
14	2018/12/26	10799	华北	秦皇岛	小米	2.00	15	30.00	陈玉美
15	2018/10/14	10703	华南	厦门	鸡肉	17.30	17	294.10	陈玉美
16	2018/12/2	10762	华东	上海	牛奶	25.10	14	351.40	陈玉美
17	2018/12/16	10780	华东	上海	牛肉	19.60	20	392.00	陈玉美
18	2018/8/13	10630	华北	石家庄	牛肉	22.00	23	506.00	陈玉美
19	2018/4/15	10506	华北	天津	海苔	24.50	23	563.50	陈玉美
20	2018/5/20	10542	华北	天津	茶叶	53.20	9	478.80	陈玉美
21	2018/6/6	10561	华北	天津	牛奶	27.90	29	809.10	陈玉美
22	2018/12/11	10774	华东	温州	牛肉	20.10	12	241.20	陈玉美
23	2018/3/7	10468	华北	张家口	牛肉	17.60	28	492.80	陈玉美
24	2018/2/25	10457	东北	长春	茶叶	52.60	17	894.20	陈玉美
25	2018/10/27	10718	西南	重庆	鸡肉	16.20	28	453.60	陈玉美
26	2018/10/20	10710	华北	北京	酸奶	6.80	8	54.40	何林

城市	产品名称
	茶叶
石家庄	花生

销售日期	订单编号	地区	城市	产品名称	单价	数量	金额	销售人员
2018/2/28	10460	东北	大连	茶叶	52.90	27	1428.30	陈玉美
2018/2/25	10456	华南	海口	茶叶	55.30	22	1216.60	陈玉美
2018/5/20	10542	华北	天津	茶叶	53.20	9	478.80	陈玉美
2018/2/25	10457	东北	长春	茶叶	52.60	17	894.20	陈玉美
2018/7/1	10585	华东	常州	茶叶	61.40	16	982.40	何林
2018/1/8	10408	西南	昆明	茶叶	51.10	5	255.50	何林
2018/3/13	10473	华南	厦门	茶叶	60.20	27	1625.40	何林
#########	10753	华东	上海	茶叶	52.70	8	421.60	何林
2018/6/3	10556	华北	石家庄	茶叶	55.60	27	1501.20	何林
2018/5/22	10545	华北	天津	茶叶	60.20	23	1384.60	何林
2018/6/5	10559	华东	温州	茶叶	61.60	1	61.60	何林
#########	10759	华北	北京	茶叶	59.20	4	236.80	黄艳
2018/5/13	10535	华东	济南	茶叶	53.40	28	1495.20	黄艳
2018/7/11	10596	华北	秦皇岛	茶叶	60.10	5	300.50	黄艳
#########	10740	华北	石家庄	花生	2.70	22	59.40	黄艳
2018/3/24	10483	华北	天津	茶叶	60.40	28	1691.20	黄艳
2018/2/4	10435	华东	南京	茶叶	53.80	16	860.80	刘军
2018/2/13	10445	华东	南京	茶叶	64.70	5	323.50	刘军

图 9-26 高级筛选结果

● **项目延伸**

在实际工作中，经常需要一些比较精准的数据，这时仅靠排序和自动筛选，得到的数据不一定能满足要求。如果想要筛选出较精确的数据，多条件筛选就显得尤为重要。比如分析和处理销售数据、仓储统计、工资查询等数据时，都需要使用多条件筛选功能。

9.4 合并单元格参与筛选

“项目四”Excel 高效管理与数据分析——合并单元格与筛选

● **项目导入**

日常工作中，在进行库存统计、物品登记时，常将有相同内容的相邻单元格进行合并处理。但是在Excel中，对合并后的单元格是不能进行筛选的，只有将合并的单元格先拆分，再将数据进行填充之后才可以正常筛选。如此反复合并、拆分、填充单元格，操作起来实在麻烦，如果能使用一些小技巧来解决这个问题，工作起来会事半功倍。

● 项目剖析

本案例以一家贸易公司的商品统计表为例，表格中相同商品名称的单元格被合并了，为了方便筛选，可以通过一个小技巧，使合并的单元格可以进行正常筛选。本项目案例最终效果如图9-27所示。

	A	B	C	D	E	F
1	序号	产品名称	产地	采购成本	库存数量	销售单价
2	1	雨鞋	成都	17	23	23
3			石家庄	15	25	18
4			北京	22	44	28
5	2	手套	大连	2	67	4.2
6			乌鲁木齐	1.6	221	2.6
7			西宁	3	153	3.8
8			广州	4.6	500	7
9	3	棉被	郑州	59	50	70
10			达州	60	39	69
11			兰州	80	65	105
12			哈密	66	48	99
13			拉萨	75	88	110
19	6	铁铲	邢台	16	85	24
20			邯郸	12	64	18
21			驻马店	22	275	29
22			平顶山	21	56	30
23			洛阳	35	99	50
24						
25						
26–28	根据产品名称筛选产品（筛选合并单元格）					

图 9-27　合并单元格后筛选

● 项目制作流程

步骤01 打开本案例素材文件，选中表格的中B2:B23合并单元格部分进行复制，然后在右边空白处粘贴备用，如图9-28所示。

步骤02 重新选择合并单元格的区域，单击“开始”→“对齐方式”→“合并后居中”→“取消单元格合并”，如图9-29所示。取消合并后的效果如图9-30所示。

图9-28　复制、粘贴合并单元格

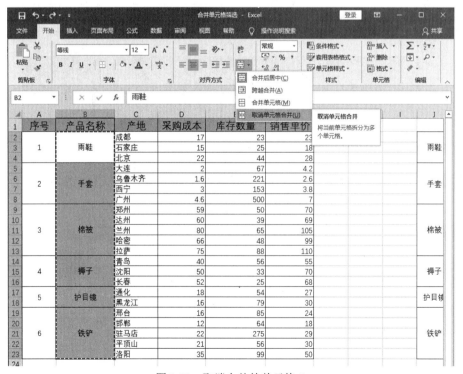

图9-29　取消合并的单元格 1

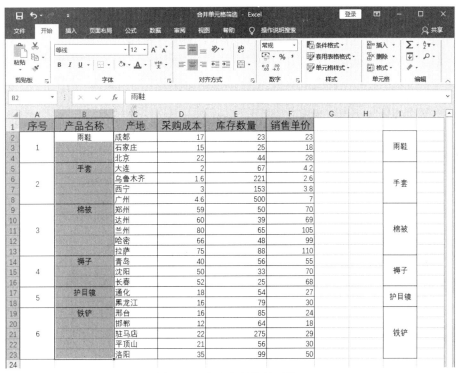

图 9-30 取消合并的单元格 2

步骤03 选中B2:B23单元格区域，定位此范围单元格中的空值，方法有两种。

方法一：单击"开始"→"编辑"→"查找和选择"→"定位条件"，如图9-31所示，在弹出对话框中选择"空值"，如图9-32所示，单击"确定"。

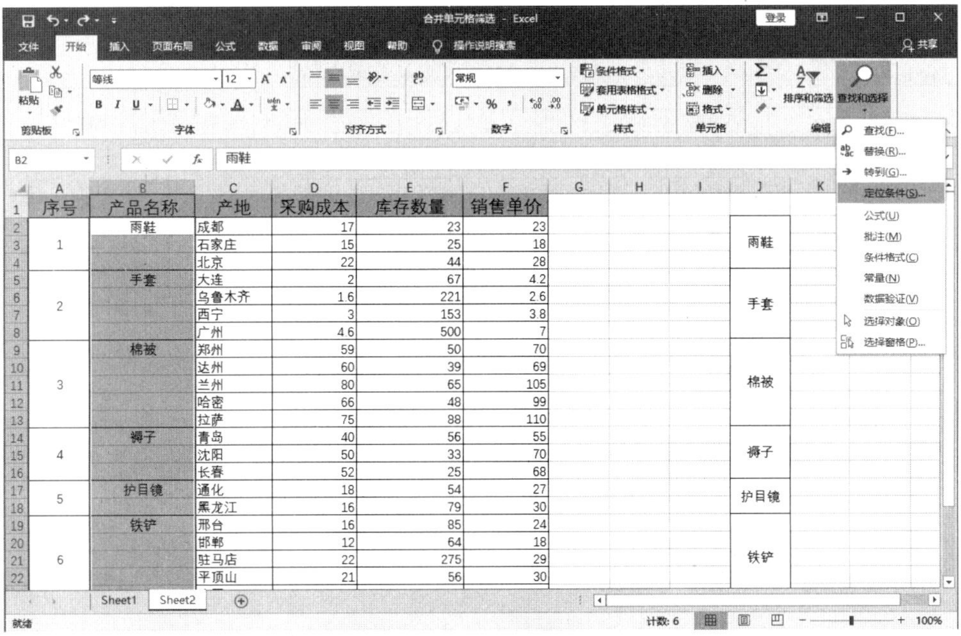

图 9-31 选择定位条件

方法二：按键盘上的F5键，弹出如图9-33所示的对话框，单击"定位条件"，在弹出的对话框中选择"空值"，如图9-34所示，单击"确定"。

图 9-32　定位单元格中的空值　　　　图 9-33　定位条件　　　　图 9-34　定位空值

步骤04 此时所有空值单元格都被选中，在编辑栏中输入文本"="，再选中B2单元格，如图9-35所示，然后按键盘上的组合键Ctrl+Enter进行批量填充，如图9-36所示。

步骤05 选中右边备用的合并单元格，单击"开始"→"剪贴板"→"格式刷"，再选中B2:B23单元格，这时B2：B23单元格区域又恢复到了合并状态，如图9-37所示。

图 9-35　批量填充单元格1

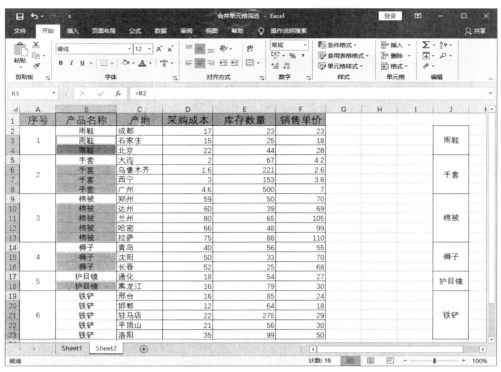

图 9-36 批量填充单元格 2

图 9-37 将拆分的单元格刷回去

步骤06 这样产品名称列的数据既保持合并单元格的状态，又可以正常参与筛选，如图9-38所示。

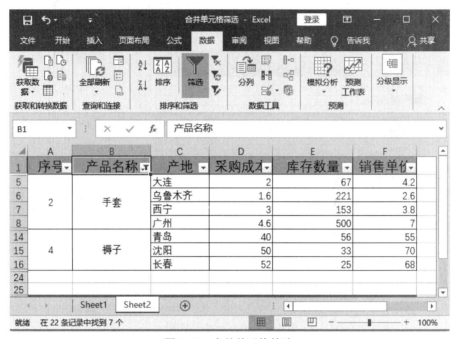

图 9-38　合并单元格筛选

● 项目延伸

在实际工作中，各种表单中如果存在相邻的几个单元格所填内容一致时，为了保证外观一般都会将单元格合并。如库存统计表、学生成绩表、班级花名册、电话通话记录表、工程施工计划表、采购单等都存在合并单元格现象。如果想筛选合并后的单元格，不妨尝试下案例中的小技巧。

9.5　美观专业的图表

"项目五" Excel 高效管理与数据分析——图表

● 项目导入

在数据汇报中，表现力最强的莫过于图表了，使用Excel制作图表并不难，但要制作出专业美观的图表却不是一件容易的事情。专业的图表布局简洁、重点突出，再增加任何额外内容都会显得多余，删除任何项目都会显得不完整，甚至连颜色配置、字体选择、各个要素的布局都要做到精益求精。本节将通过几个实际案例来讲解如何设置、调整图表的各个元素，修饰、美化图表。

"项目进度图表"

● 项目剖析

下面看一个案例——项目进度图表的制作。在本案例中，原数据表中展示的是每个项目的目标值和实际值，将数据转化为图表，就可以直观地了解每个项目的进度情况，最终效果如图9-39所示。

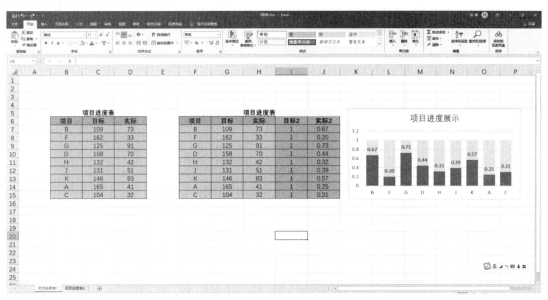

图 9-39　项目进度图表

● 项目制作流程

步骤01 打开本案例素材文件。由上述项目剖析可知要想得到预期效果，原表需要添加两个辅助列，辅助列1为全部项目完成后的目标值，在此命名为"目标2"，设为"1"。辅助列2为实际完成的进度值，在此命名为"实际2"，在J7单元格中输入公式"=H7/G7"，按Enter键，拖动J7单元格右下角填充句柄至J15单元格，结果保留两位小数，结果如图9-40所示。

步骤02 选中F6:F15单元格区域，然后按Ctrl键选中I6:J15单元格区域，单击"插入"→"图表"→"插入柱形图或条形图"→"二维柱形图"，选择"簇状柱形图"，单击"确定"，再拖动生成的图表至"项目进度表"的右侧，如图9-41所示。

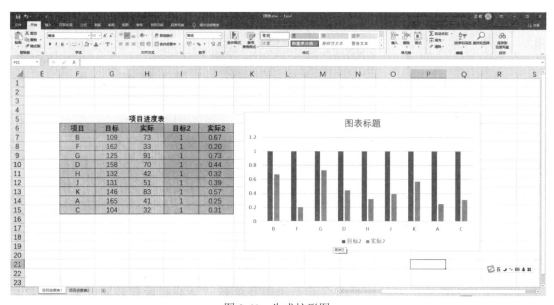

图 9-40　添加辅助列

图 9-41　生成柱形图

步骤03 为了让效果更直观，需要把图表调整一下。选中图表的"目标2"系列，右击，在弹出的快捷菜单中选择"设置数据系列格式"，在打开的对话框中单击"填充与线条"→"填充"→"纯色填充"，颜色选择"浅灰色"。接着选中"实际2"系列，右击，在弹出的快捷菜单中选择"设置数据系列格式"，在打开的对话框中单击"填充与线条"→"填充"→"纯色填充"，颜色选择"深红"，如图9-42所示。

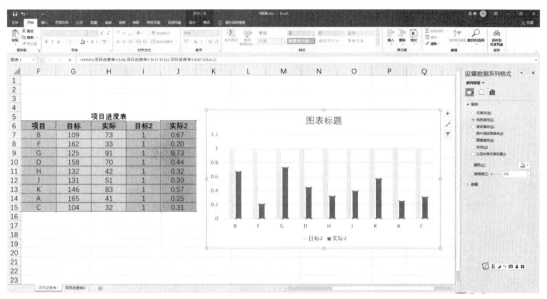

图 9-42 美化图表

步骤04 选中"目标2"系列,在对话框中单击"系列选项",系列重叠设为"100%",间隙宽度设为"45%",如图9-43所示。

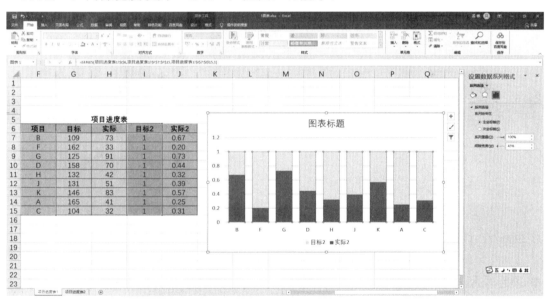

图 9-43 设置系列选项

步骤05 选中"实际2"系列,右击,在弹出的快捷菜单中选择"添加数据标签"→"添加数据标签",然后删除图表下方的图例项,效果如图9-44所示。

步骤06 最后将图表标题修改为"项目进度展示",至此本案例制作完成,最终效果如图9-45所示。

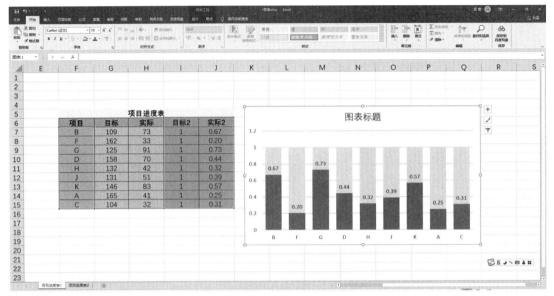

图 9-44　添加数据标签

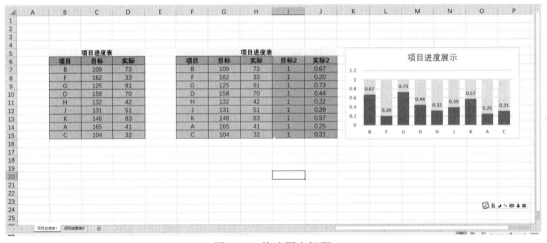

图 9-45　修改图表标题

** 品类 TOP10 产品数据汇总表气泡图

● 项目导入

气泡图是一种展示三个数值型变量之间关系的数据图表。绘制时，将第一个变量放在横轴，将第二个变量放在纵轴，而第三个变量则用气泡的大小来表示。这样，数据在图上就以气泡的形式呈现，方便分析。

● **项目剖析**

下面看一个项目案例"**品类TOP10产品数据汇总表气泡图"制作。这是一个某购物平台的某商品品类TOP10数据汇总表,这样的数据通常使用气泡图来表示,横坐标轴为客单价,纵坐标轴为销量,气泡大小为销售额,最终效果如图9-46所示。

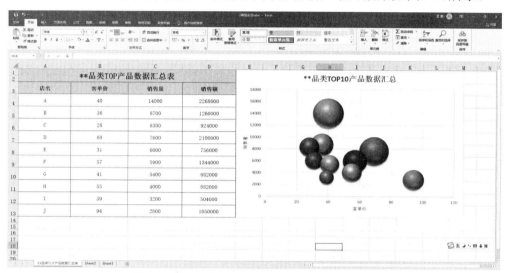

图 9-46　**品类 TOP10 产品数据汇总表气泡图

● **项目制作流程**

步骤01 打开本案例素材文件,选中A3:D13单元格区域,单击"插入"→"图表"→"推荐的图表",在打开的对话框中选择"所有图表"→"XY散点图"→"三维气泡图",选择第二个,如图9-47所示,单击"确定"。

图 9-47　插入气泡图

步骤02 在图表上右击，在弹出的快捷菜单中选择"选择数据"，在弹出的对话框中选择"图例项"的第一项内容，系列名称设为"A"，X轴系列值设为"40"，Y轴系列值设为"14000"，气泡大小设为"560000"，如图9-48所示。

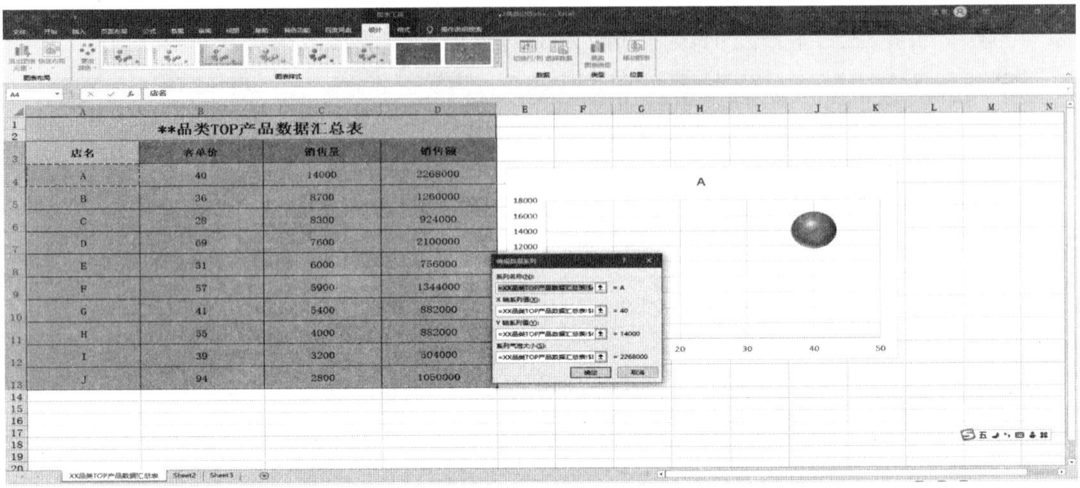

图 9-48　编辑 A 店数据

步骤03 单击"确定"，再单击"添加"，系列名称设为"B"，X轴系列值设为"36"，Y轴系列值设为"8700"，气泡大小设为"313200"，单击"确定——如图9-49所示。

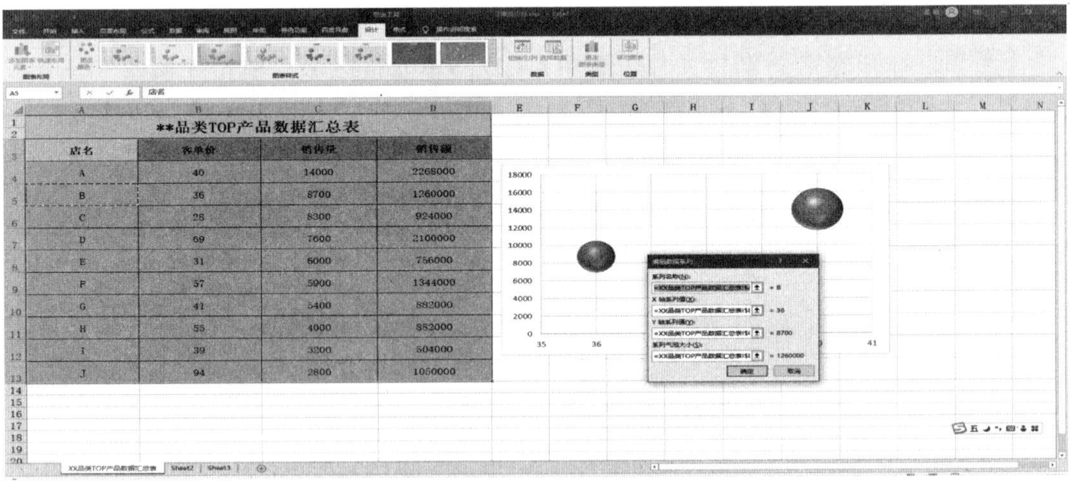

图 9-49　编辑 B 店数据

步骤04 使用如上方法依次添加其他数据，结果如图9-50所示。

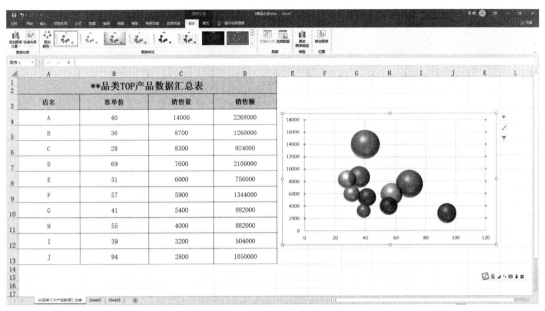

图 9-50　添加其他数据

步骤 05 选中图表，单击"图表工具"→"设计"选项卡→"图表样式"，选择样式9，如图9-51所示。

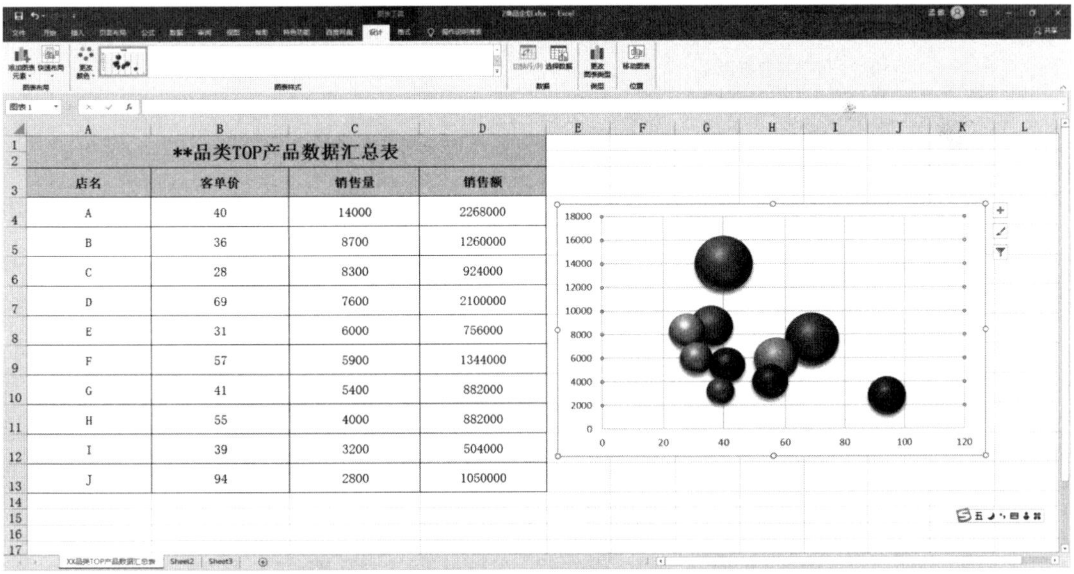

图 9-51　图表样式

步骤 06 单击"图表工具"→"设计"选项卡→"图表样式"→"更改颜色"，选择"彩色调色板4"，如图9-52所示。

215

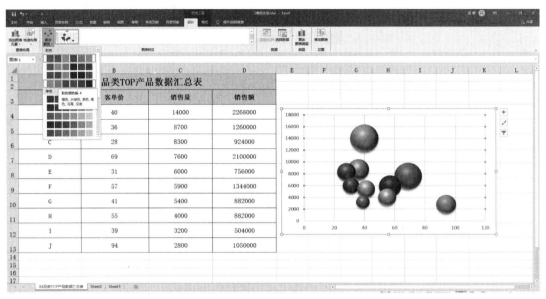

图 9-52　更改颜色

步骤07 单击"图表工具"→"设计"选项卡→"图表布局"→"添加图表元素"→"图表标题"，选择"图表上方"，然后将标题改为"**品类TOP10产品数据汇总"，如图9-53所示。

店名	客单价	销售量	销售额
		**品类TOP产品数据汇总表	
A	40	14000	2268000
B	36	8700	1260000
C	28	8300	924000
D	69	7600	2100000
E	31	6000	756000
F	57	5900	1344000
G	41	5400	882000
H	55	4000	882000
I	39	3200	504000
J	94	2800	1050000

图 9-53　添加图表标题

步骤08 单击"图表工具"→"设计"选项卡→"图表布局"→"添加图表元素"→"坐标轴标题"→"主要横坐标轴标题"，将其修改为"客单价"；再次单击"添加图表元素"→"坐标轴标题"→"主要纵坐标轴标题"，将其修改为"销售量"。至此本案例制作完成，效果如图9-54所示。

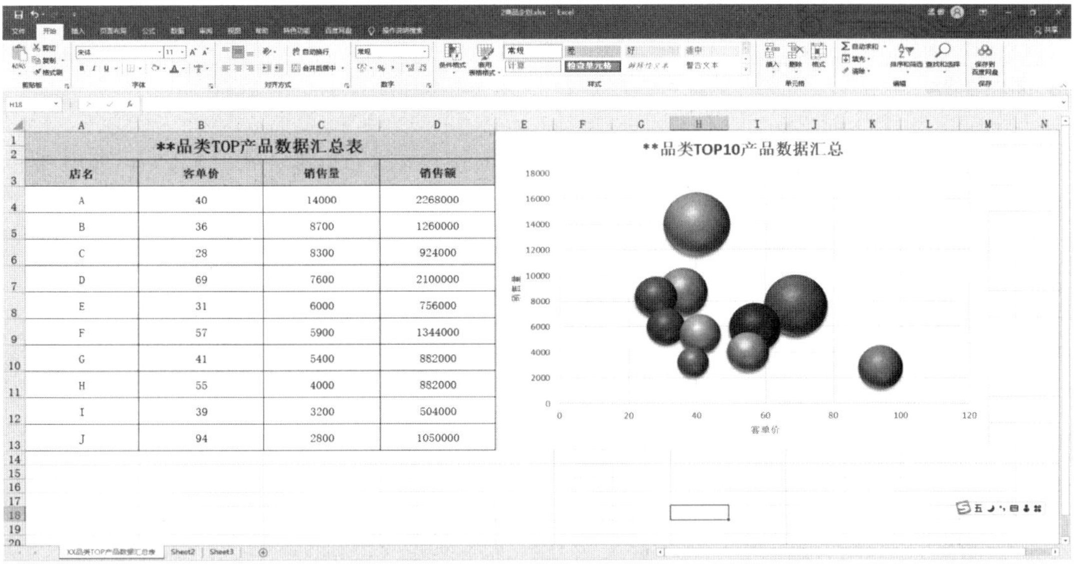

图9-54　修改坐标轴标题

● 项目延伸

在图表制作过程中，首先需要分析制作图表的目的，即需要在图表中表现什么，当数据表不合适时就需要对原数据表进行优化；其次还要保证图表的美观性。下面总结几条图表的设计思路以供参考：

- 去掉多余的元素。软件自带的图表，一般包括各种图表元素：标题、坐标轴、坐标轴标题、网格线、图例、数据标签等。版面越简洁，图表越直观，无论是什么元素，当它的存在没有意义时就应删除。
- 不用花哨的背景。太过花哨的背景既喧宾夺主，又影响整体效果。
- 拒绝随心所欲的配色。配色的基本原则是使用模板的主色搭配黑白灰。

9.6　动态排班表

"项目六" Excel 高效管理与数据分析——动态排班表

● 项目导入

在工作时，经常会遇到制作排班表的问题，排班表的模板虽然是相同的，但是值班人员对应的值班日期和星期始终在动态变化，每次排班都修改也是挺麻烦的。使用Excel制作动态排班表，可使排班工作变得更简单高效。

● **项目剖析**

在下面这个案例中，用Excel制作一个动态排班表，每次只需要修改班次就可以自动得到新的排班表，使用起来非常便捷。本案例最终效果如图9-55所示。

动态排班表						
班次	10月5日					
日期	10月5日	10月6日	10月7日	10月8日	10月9日	10月10日	10月11日
星期	星期一	星期二	星期三	星期四	星期五	星期六	星期日
早班	仲大江	侯歌	范冲	沈一兵	史淑香	郝建国	杜燕琦
中班	郝建国	杜燕琦	仲大江	侯歌	范冲	沈一兵	史淑香
晚班	沈一兵	史淑香	郝建国	杜燕琦	仲大江	侯歌	范冲

图9-55　动态排班表

● **项目制作流程**

步骤01 新建一个Excel文档，如图9-56所示录入文本，字体格式设置为"黑体"。选中A1:H1单元格区域，合并后居中，输入标题文本"动态排班表"，格式设置为"24号"。选中B5:H7单元格区域，格式设置为"16号、黑色"。选中A2:H4单元格区域，格式设置为"18号、白色"。选中A5:A7单元格区域，格式设置为"18号、黑色"。选中B2:H2单元格区域，合并后居中。效果如图9-56所示。

	A	B	C	D	E	F	G	H
1	动态排班表							
2	班次							
3	日期							
4	星期							
5	早班	仲大江	侯歌	范冲	沈一兵	史淑香	郝建国	杜燕琦
6	中班	郝建国	杜燕琦	仲大江	侯歌	范冲	沈一兵	史淑香
7	晚班	沈一兵	史淑香	郝建国	杜燕琦	仲大江	侯歌	范冲

图9-56　创建表格

步骤02 选中B2单元格，输入文本"2020-8-1"，右击，在弹出的快捷菜单中选择"设置单元格格式"，在弹出的对话框中选择"数字"→"日期"，如图9-57所示进行设置，单击"确定"。

图 9-57　设置单元格格式

步骤 03 选中 B3 单元格，输入公式"=B2"，按 Enter 键。选中 C3 单元格，输入公式"=B3+1"，拖动 C3 单元格右下角的填充句柄至 H3 单元格，此时日期行数据如图 9-58 所示。

	A	B	C	D	E	F	G	H
1				**动态排班表**				
2	**班次**			8月1日				
3	**日期**	8月1日	8月2日	8月3日	8月4日	8月5日	8月6日	8月7日
4	**星期**							
5	**早班**	仲大江	侯歌	范冲	沈一兵	史淑香	郝建国	杜燕琦
6	**中班**	郝建国	杜燕琦	仲大江	侯歌	范冲	沈一兵	史淑香
7	**晚班**	沈一兵	史淑香	郝建国	杜燕琦	仲大江	侯歌	范冲

图 9-58　设置日期

步骤 04 选中 B4 单元格，输入公式"=B3"，按 Enter 键。拖动 B4 单元格右下角的填充句柄至 H3 单元格，此时星期行数据与日期行数据相同，选中 B4:H4 单元格区域，右击，在弹出的快捷菜单中选择"设置单元格格式"，在弹出的对话框中选择"数字"→"日期"，选择"星期三"，单击"确定"，如图 9-59 所示。

	A	B	C	D	E	F	G	H
1				**动态排班表**				
2	**班次**			8月1日				
3	**日期**	8月1日	8月2日	8月3日	8月4日	8月5日	8月6日	8月7日
4	**星期**	星期六	星期日	星期一	星期二	星期三	星期四	星期五
5	**早班**	仲大江	侯歌	范冲	沈一兵	史淑香	郝建国	杜燕琦
6	**中班**	郝建国	杜燕琦	仲大江	侯歌	范冲	沈一兵	史淑香
7	**晚班**	沈一兵	史淑香	郝建国	杜燕琦	仲大江	侯歌	范冲

图 9-59　设置星期

步骤 05 动态排班表制作完成，最终效果如图9-60所示。

动态排班表

日期	10月5日	10月6日	10月7日	10月8日	10月9日	10月10日	10月11日
星期	星期一	星期二	星期三	星期四	星期五	星期六	星期日
早班	仲大江	侯歌	范冲	沈一兵	史淑香	郝建国	杜燕琦
中班	郝建国	杜燕琦	仲大江	侯歌	范冲	沈一兵	史淑香
晚班	沈一兵	史淑香	郝建国	杜燕琦	仲大江	侯歌	范冲

图9-60　最终完成效果

● **项目延伸**

Excel中使用了公式的计算结果会自动更新，如果修改相应的数据，其后所有引用该数据的结果值都会自动更新，本项目就是使用了Excel这个功能，只需要修改"班次"即可生成新的排班表。

:::::::::: 9.7　销售数据的分类汇总 ::::::::::

"项目七" Excel 高效管理与数据分析——分类汇总

● **项目导入**

对企业管理层来说，及时、详细、准确地掌握不同地区、城市的产品销售数据以及销售人员的状况是非常重要的。如果还是使用排序、筛选等功能进行数据的统计汇总，效率低且不够直观，而使用分类汇总功能就可以大大缩短统计时间，提高工作效率。

● **项目剖析**

分类汇总前，首先要对数据进行排序，即按照分类汇总的字段进行排序。如果关键字段和分类字段不一致，汇总出的数据就会杂乱无章、不符合要求。本案例以企业销售单为例，要求汇总出各城市的销售数量及销售金额，或根据地区、产品名称、销售员等其他条件进行数据汇总。最终效果如图9-61所示。

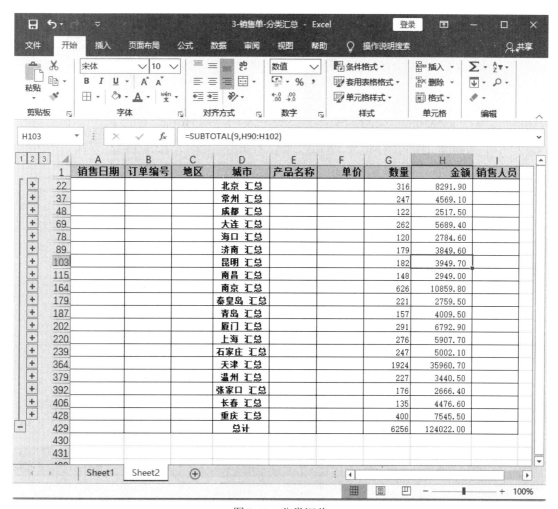

图 9-61　分类汇总

● 项目制作流程

步骤01 打开案例素材文件，单击"数据"→"排序和筛选"→"排序"，在弹出的对话框中以"城市"为关键字段对数据进行"升序"排序，如图9-62所示。

步骤02 单击"数据"→"分级显示"→"分类汇总"，如图9-63所示。

步骤03 在弹出的对话框中进行如图9-64所示设置，单击"确定"。

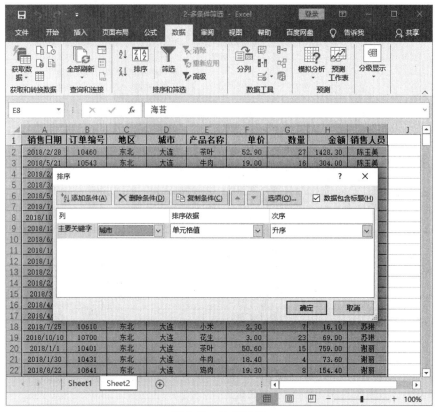

图 9-62　数据排序

图 9-63　分类汇总

图 9-64　设置分类汇总项

步骤 04 汇总后的数据有三种不同的显示级别，分别是数据总计、分类汇总、汇总明细。单击工作表左上角的1、2、3按钮进行切换，如图9-65、图9-66、图9-67所示。

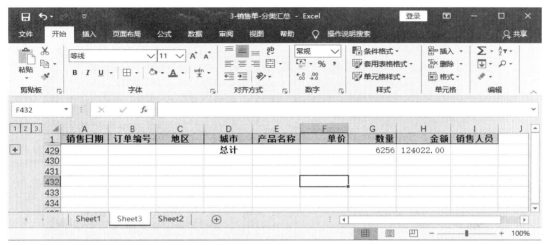

图 9-65 汇总总计

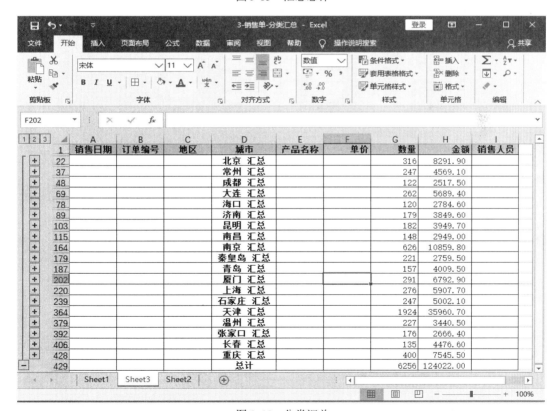

图 9-66 分类汇总

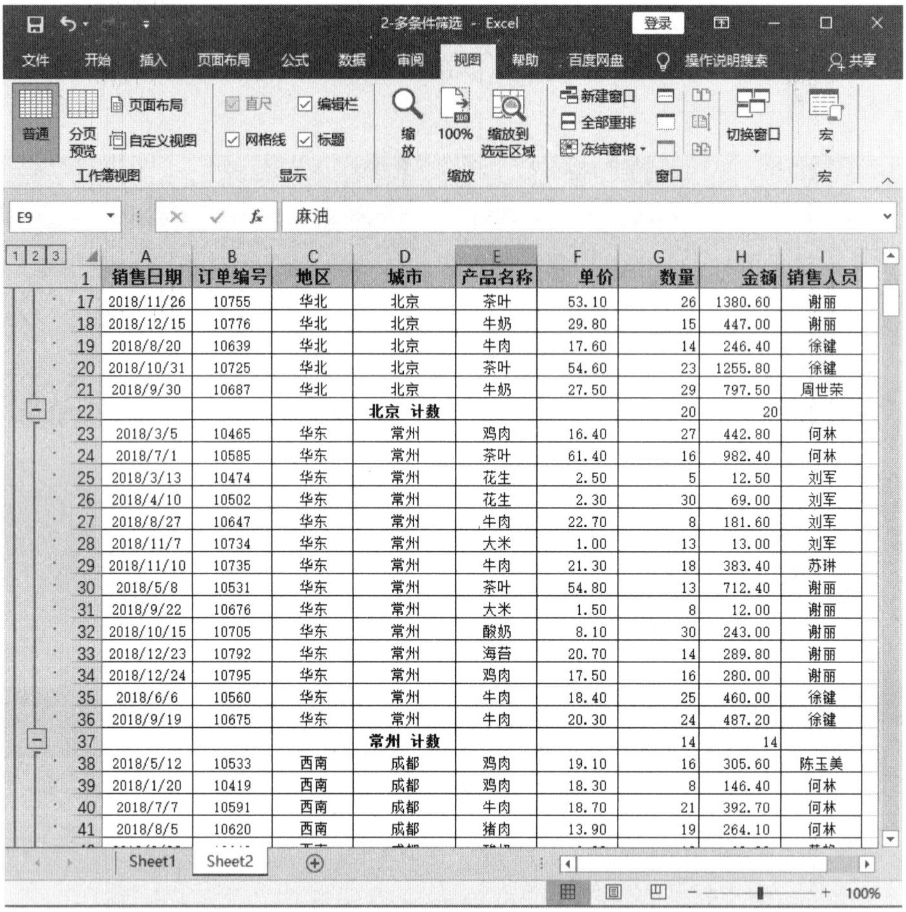

	A	B	C	D	E	F	G	H	I
1	销售日期	订单编号	地区	城市	产品名称	单价	数量	金额	销售人员
17	2018/11/26	10755	华北	北京	茶叶	53.10	26	1380.60	谢丽
18	2018/12/15	10776	华北	北京	牛奶	29.80	15	447.00	谢丽
19	2018/8/20	10639	华北	北京	牛肉	17.60	14	246.40	徐键
20	2018/10/31	10725	华北	北京	茶叶	54.60	23	1255.80	徐键
21	2018/9/30	10687	华北	北京	牛奶	27.50	29	797.50	周世荣
22				北京 计数			20	20	
23	2018/3/5	10465	华东	常州	鸡肉	16.40	27	442.80	何林
24	2018/7/1	10585	华东	常州	茶叶	61.40	16	982.40	何林
25	2018/3/13	10474	华东	常州	花生	2.50	5	12.50	刘军
26	2018/4/10	10502	华东	常州	花生	2.30	30	69.00	刘军
27	2018/8/27	10647	华东	常州	牛肉	22.70	8	181.60	刘军
28	2018/11/7	10734	华东	常州	大米	1.00	13	13.00	刘军
29	2018/11/10	10735	华东	常州	牛肉	21.30	18	383.40	苏琳
30	2018/5/8	10531	华东	常州	茶叶	54.80	13	712.40	谢丽
31	2018/9/22	10676	华东	常州	大米	1.50	8	12.00	谢丽
32	2018/10/15	10705	华东	常州	酸奶	8.10	30	243.00	谢丽
33	2018/12/23	10792	华东	常州	海苔	20.70	14	289.80	谢丽
34	2018/12/24	10795	华东	常州	鸡肉	17.50	16	280.00	谢丽
35	2018/6/6	10560	华东	常州	牛肉	18.40	25	460.00	徐键
36	2018/9/19	10675	华东	常州	牛肉	20.30	24	487.20	徐键
37				常州 计数			14	14	
38	2018/5/12	10533	西南	成都	鸡肉	19.10	16	305.60	陈玉美
39	2018/1/20	10419	西南	成都	鸡肉	18.30	8	146.40	何林
40	2018/7/7	10591	西南	成都	牛肉	18.70	21	392.70	何林
41	2018/8/5	10620	西南	成都	猪肉	13.90	19	264.10	何林

图 9-67 分类汇总明细

● 项目延伸

分类汇总功能是数据分析中一个非常实用的功能，它的应用范围非常广泛，各行各业在汇总数据时都会用到该功能。

9.8 销售数据透视表

“项目八”Excel 高效管理与数据分析——数据透视表

● 项目导入

数据透视表是交互式报表，可快速合并和比较大量数据。之所以称为数据透视表，是因为该表可以动态地改变版面设置，以便按照不同方式分析数据，也可以重新安排行号、列标和页字段。每一次改变版面设置时，数据透视表会按照新的设置重新计算数据。如果原始数据被更改，数据透视表也随之更新。数据透视表可以进行某些计算，如求和、计数，所进行的计算与数据跟数据透视表中的排列有关。

透视表与分析工具切片器一起使用，可方便、快捷地查看各种数据。

● **项目剖析**

本案例以企业销售单为例，在透视表中按日期汇总销售量和销售金额，配合切片器，可根据地区、城市、产品、销售人员分类查看月、季度、年的销售情况。最终效果如图9-68所示。

图9-68　透视表

● **项目制作流程**

步骤01 打开本案例素材文件，单击"插入"→"表格"→"数据透视表"，在弹出的对话框中选择透视表所在位置（新工作表或当前工作表），这里选择"新工作表"，单击"确定"，如图9-69所示。

图9-69 插入透视表

步骤02 新工作表如图9-70所示，从右侧"数据透视表字段"选项中将报表字段拖至行标签、列标签、筛选标签或值标签中，如图9-71所示。

步骤03 透视表创建完成后，将光标置于透视表任意单元格上，单击"数据透视表工具"→"分析"→"筛选"→"插入切片器"，在弹出的对话框中选中要汇总的项，如图9-72所示，然后单击"确定"。

步骤04 将切片器拖至合适的位置，单击切片器上对应的地区、城市、产品或销售人员，左侧数据就会自动显示汇总后的结果，如图9-73所示。

图 9-70　数据透视表界面

图 9-71　设置数据透视表字段

图 9-72　插入切片器

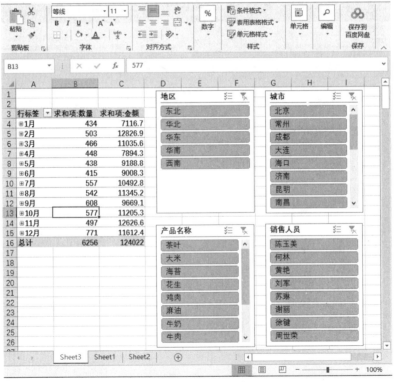

图 9-73　应用切片器

● **项目延伸**

　　数据透视表是一种对复杂数据进行快速汇总分析的交互式工具，灵活应用数透视表可使许多复杂的数据分析问题变得简单。数据透视表已广泛应用于各行各业的月、季度、年终数据汇总工作。

第 10 章

Excel 打印输出

本章目标 —————————————————————

◎ 掌握Excel表格的打印技巧

掌握Excel的基本操作，可以有效地管理数据、高效地分析数据。而打印Excel表格也是必须要掌握的Excel基本操作之一，其中也有一定的方法和技巧。本章将介绍Excel数据表的打印方法和技巧。

一页纸完美打印

"项目一" Excel 打印——一页纸完美打印

● 项目导入

Excel表格完成之后需要打印，但是有的表格内容比较多，如何才可以将数据完美地打印到一页纸上呢？

● 项目剖析

用一页纸打印表格，需要将打印内容调整在一页显示，下面介绍常用的技巧。本案例最终效果如图10-1所示。

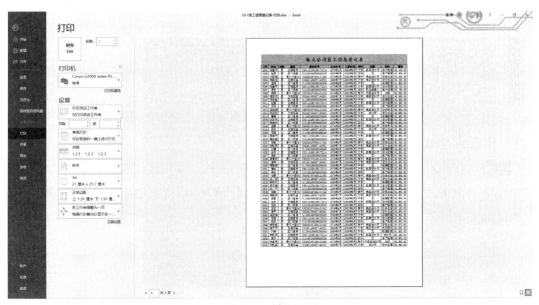

图 10-1　打印预览

● **项目制作流程**

打印表格方法一：打开本案例素材文件，单击"页面布局"→"调整为合适大小"，将"宽度"和"高度"都设置为"1页"，如图10-2所示。

图 10-2 设置页面布局

打印表格方法二：打开本案例素材文件，单击"文件"→"打印"或按组合键Ctrl+P，进行打印预览。单击"自定义缩放"→"将工作表调整为一页"，如图10-3所示。

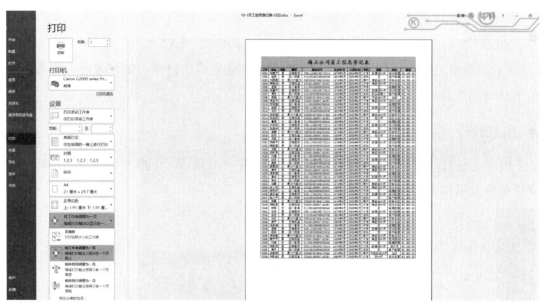

图 10-3 自定义缩放

打印表格方法三：

步骤01 打开本案例素材文件，单击"文件"→"打印"或按组合键Ctrl+P，进行打印预览。单击"正常边距"→"自定义页边距"，手动将页边距调整至合适大小，如图10-4所示。

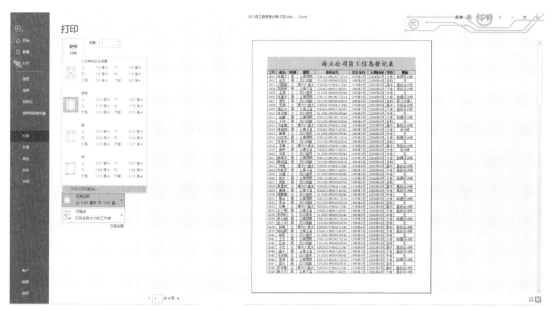

图 10-4　调整页边距

步骤02 打开本案例素材文件，单击"视图"→"工作簿视图"→"分页预览"，将中间蓝色的虚线（分页线）拖至右侧实线位置，如图10-5所示。

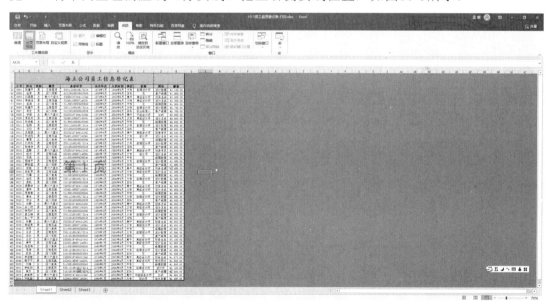

图 10-5　调整分页线

步骤03 打开本案例素材文件，单击"文件"→"打印"，再单击左上角"返回"，此时表格中会出现一条虚线，适当将表格列宽分别调小，直到虚线出现在最后一列，如图10-6所示。

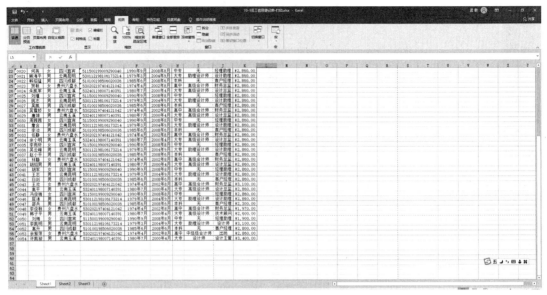

图 10-6　调整列宽

● 项目延伸

除了上述方法外，还可以通过调整字体大小来实现在一页打印Excel表格。

第 **11** 章

PowerPoint 演示文稿制作流程

本章目标 ——————————————————————————————————————

◎ 掌握PowerPoint演示文稿制作流程

◎ 了解幻灯片的制作思路

在日常办公中，很多工作需要进行介绍汇报，而多数情况下会被要求制作PowerPoint演示文稿进行介绍汇报。在本章中，将讲解制作PowerPoint文档的基本操作流程。

⦂⦂⦂⦂⦂⦂⦂⦂⦂ **校 园 风 光** ⦂⦂⦂⦂⦂⦂⦂⦂⦂

"项目一" 幻灯片制作流程——校园风光

● 项目导入

PowerPoint是微软公司开发的演示文稿软件，演示文稿中的每一页称幻灯片。一个完整的PowerPoint演示文稿应包括封面、目录、内容和封底四部分，为了增强PowerPoint的吸引力，可以在幻灯片中增添图片、动画、声音、影片等元素。

● 项目剖析

本案例以介绍学校环境为主题，应用不同的版式和主题模板，快速生成PowerPoint演示文稿，最终效果如图11-1所示。

图 11-1　校园风光

● **项目制作流程**

步骤 01 打开PowerPoint软件，新建一个空白演示文稿，如图11-2所示。

图 11-2　创建空白演示文稿

步骤 02 在新创建的演示文稿幻灯片首页输入封面标题和副标题，如图11-3所示。

图 11-3　演示文稿封面

步骤 03 制作完成首页幻灯片后，在左侧导航栏处选中首页幻灯片，按Enter键就会添加一个新的幻灯片。如果需要改变默认的版式，可单击"开始"→"幻灯片"→"版式"选择不同的幻灯片样式，如图11-4所示。

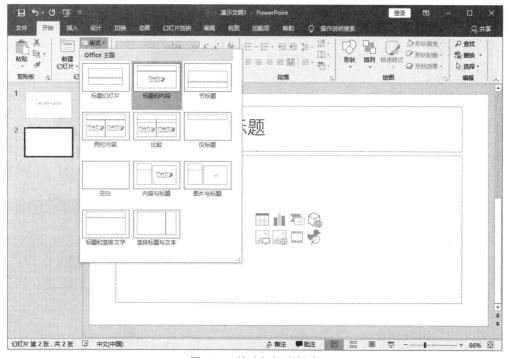

图11-4　修改幻灯片版式

步骤04　在修改好版式的幻灯片中单击标题框，输入标题文本；单击"插入"→"图像"→"图片"，添加图片，如图11-5所示。

图11-5　插入标题和图片

步骤05 用相同的方法，新建多张幻灯片，将标题内容、图片分别插入幻灯片中，如图11-6所示。

图 11-6　创建新幻灯片

步骤06 幻灯片内容添加完毕后，可以通过更换主题的方法为幻灯片快速添加背景和改变字体。单击"设计"，在"主题"中选择不同的主题样式，如图11-7所示。在"变体"中选择不同的颜色、字体等，使主题不再单调，如图11-8所示。

图 11-7　选择幻灯片主题

图 11-8　选择变体

步骤07 设计完应用主题样式及颜色等方案后，单击"视图"→"幻灯片浏览"，预览完成的幻灯片，如图11-9所示。

图 11-9　幻灯片完成效果

● **项目延伸**

如今，PowerPoint已成为重要的工作工具，在工作汇报、企业宣传、产品推广、庆典活动、工程竞标、教育培训等领域日益发挥重要作用。

第 **12** 章

PowerPoint 演示文稿版面构图

本章目标 ─────────────────────────────

◎ 了解幻灯片的构成和应用范围
◎ 掌握不同风格的PowerPoint演示文稿封面的制作
◎ 掌握PowerPoint演示文稿内容页的环形文本效果

PowerPoint演示文稿的封面如同人的脸面一样起着重要的作用，一个好的幻灯片封面可以让人眼前一亮，引发阅读的兴趣。在本章中，将介绍不同风格的封面设计技巧、大篇幅文本内容的设计技巧等PowerPoint常用的设计技巧。

·········· 12.1 不同风格的 PowerPoint 演示文稿封面 ··········

"项目一" PowerPoint 演示文稿封面——不同风格的 PowerPoint 演示文稿封面

● 项目导入

设计创意封面需要遵循一些规律，也会有一些套路存在。只要掌握一些方法或者学习一些创意设计的案例之后，就可以制作出不同风格的封面。

专业封面

● 项目剖析

本案例将使用插入图片、艺术字、文本框等技巧进行幻灯片封面的制作，最终效果如图12-1所示。

图 12-1 专业封面

● **项目制作流程**

步骤01 新建一个空白演示文稿，在幻灯片边缘处右击，在弹出的快捷菜单中选择"设置背景格式"→"图片或纹理填充"→"插入"，挑选背景素材插入，如图12-2所示。

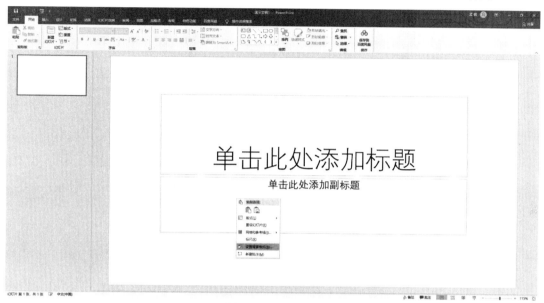

图 12-2　设置背景

步骤02 在幻灯片中输入文本内容，如图12-3所示。

图 12-3　输入文本

步骤03 选中第一行文本"桥西区雷明小学"，设置文本格式为"28号，红色加粗"，如图12-4所示。

图 12-4　设置文本格式

步骤04　按住Shift键，依次单击选中所有文本框，单击"开始"→"段落"→"左对齐"，如图12-5所示。

图 12-5　文本左对齐

步骤05　选中标题的第一行文本，按组合键Ctrl+I设置为倾斜。选中标题的第二行文本，设置为"综艺体"或"黑体"，幻灯片封面制作完成，如图12-6所示。

图 12-6　设置文本字体

简洁封面

● 项目剖析

　　本案例将使用插入形状、艺术字、文本框等技巧制作幻灯片封面，最终效果如图12-7所示。

图 12-7　简洁封面

● 项目制作流程

　　步骤01 新建一个空白演示文稿，输入文本内容，将标题第一行文本的字体颜色设为灰色，如图12-8所示。

图 12-8　输入文本

步骤02 选中标题第二行文本，单击"绘图"→"格式"→"艺术字样式"→"文本填充"→"渐变"→"其他渐变"→"渐变填充"，如图12-9所示。

图 12-9 设置标题格式

步骤03 单击设置"渐变光圈"，两边深红色中间红色，如图12-10、图12-11所示。

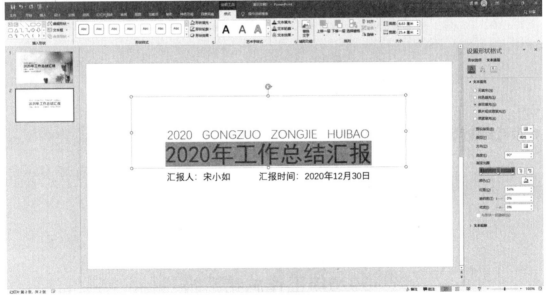

图 12-10 设置渐变颜色

图 12-11 设置渐变方向

步骤04 单击"插入"→"插图"→"形状"下三角按钮，选择"矩形"插入。单击"绘图工具"→"格式"→"形状填充"下三角按钮，选择"无填充"；单击"形状轮廓"下三角按钮，选择"灰色"。将矩形框移动至标题第一行文本处，如图12-12所示。

图 12-12 插入矩形框

步骤05 调整文本整体美观度，在标题后面添加"汇报"两字，然后将第一行文本适当缩小，如图12-13所示。

图12-13 调整整体美观度

步骤06 单击"插入"→"插图"→"形状"下三角按钮→"基本形状",选择"圆:空心"插入,如图12-14所示。选中空心圆,单击"绘图工具"→"格式"选项卡中的"形状填充",将颜色设为"深红"。单击"绘图工具"→"格式"选项卡中的"形状轮廓",选择"无轮廓"。

图12-14 插入空心圆

步骤07 右击,在弹出的快捷菜单中选择"设置形状格式",将透明度设为"67%",如图12-15、图12-16所示。

图12-15　设置形状格式

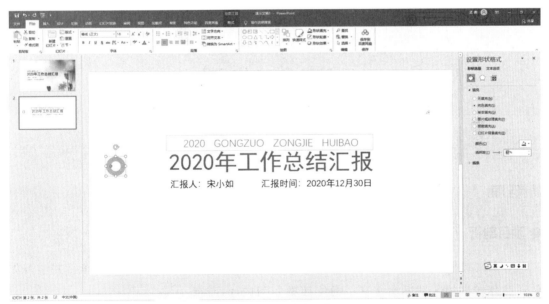

图12-16　设置透明度

步骤08 复制粘贴空心圆，按Shift键成比例改变空心圆大小，拖动空心圆上的变形按钮调整形状厚度，如图12-17所示。

步骤09 多复制几个空心圆，再分别调整每个空心圆的位置、大小、厚度和透明度，幻灯片封面制作完成，效果如图12-18所示。

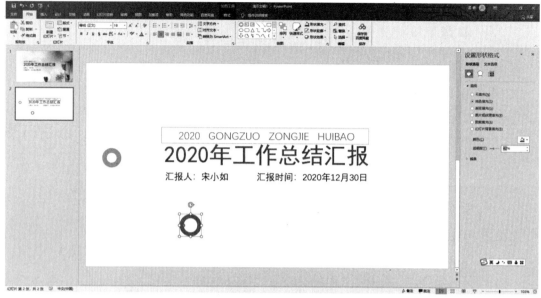

图 12-17 调整背景形状

图 12-18 最终完成效果

清新封面

● 项目剖析

本案例将使用插入图片、艺术字、文本框等技巧进行幻灯片封面制作,并学习如何在颜色较多的区域添加文字,最终效果如图12-19所示。

图 12-19 清新封面

● **项目制作流程**

步骤01 新建一个空白演示文稿，在幻灯片边缘处右击，在弹出的快捷菜单中选择"设置背景格式"→"图片或纹理填充"→"插入"，挑选背景素材插入，如图12-20所示。

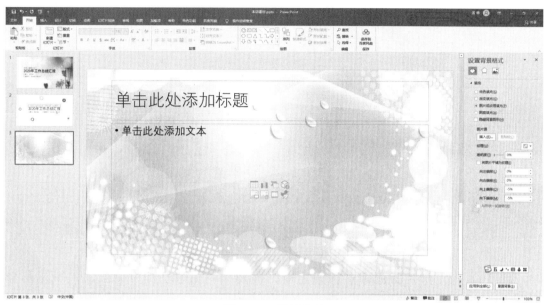

图 12-20　设置背景

步骤02 单击"插入"→"图像"→"图片"→"此设备"，选中准备好的花束素材插入，如图12-21所示。

图 12-21　插入图片

步骤03 选中图片，单击"图片工具"→"格式"→"调整"→"删除背景"，将白色背景去除，如图12-22所示。

图 12-22　删除背景

步骤04 为幻灯片封面添加标题之前，需要为花束添加一个蒙版，以突出标题文本。选中花束，单击"插入"→"插图"→"形状"下三角按钮，选择"矩形：圆角"插入，如图12-23所示。单击"绘图工具"→"格式"选项卡中的"形状填充"，选择"白色"；单击"绘图工具"→"格式"选项卡中的"形状轮廓"，选择"无轮廓"。

图 12-23　插入形状蒙版

步骤 05 在圆角矩形上右击，在弹出的快捷菜单中选择"设置形状格式"→"形状选项"→"填充"→"纯色填充"中设透明度为"13%"，如图12-24所示。

图 12-24　调整形状透明度

步骤 06 在圆角矩形上右击，在弹出的快捷菜单中选择"编辑文字"，输入标题，如图12-25所示。

图 12-25　输入标题文本

步骤 07 设置标题字体颜色，第一行"2020年"为"黑体、黑色、加粗、32号"，第二行主标题"工作总结汇报"为"红色、44号、黑体"，第三行"汇报人：

宋老三"为"黑体、黑色、18号",如图12-26所示。

图 12-26　设置标题格式

颜色搭配是一门高深的学问,这里介绍一种简单的搭配方式:花束的主色调或背景图的主色调+黑白灰,这样搭配出来的颜色很美观但不会显得太过花哨。

步骤08 将光标移至第三行"汇报人:宋老三"前,按Enter键,对文本进行微调。

步骤09 为圆角矩形设置立体效果,单击"绘图工具"→"格式"→"形状效果"→"棱台",选择"凸圆形",如图12-27所示。

图 12-27　设置圆角矩形的立体效果

步骤10 按组合键Shift+F5放映当前幻灯片，最终效果如图12-28所示。至此本案例制作完成。

图 12-28　最终完成效果

● 项目延伸

用不同形状来装饰幻灯片封面，常见的方法还有以下几种：

①在页面中央插入一个形状，外围加个稍大的同等形状的边框；②在纯色形状外围添加一个稍大的透明同等形状；③直接在页面上插入一个半透明的形状；④不透明形状拼接不透明边框；⑤不透明形状拼接透明形状；⑥边框拼接边框。

:::::::::: 12.2　环形文本效果 ::::::::::

"项目二" PowerPoint 演示文稿内页——环形文本效果

● 项目导入

除了封面之外，内页也是幻灯片设计的重点。为了提升阅读体验，内页幻灯片通常将大篇幅的文本分段并提炼出重点，再用形状、线条修饰段落。

● 项目剖析

本项目案例中已经将"PEST"的重点文本分段提炼出来了，现在只需要添加形状线条进行修饰即可，最终效果如图12-29所示。

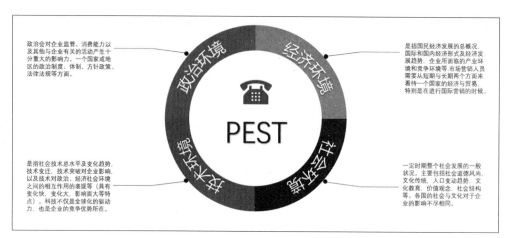

图 12-29　环形文本效果

● 项目制作流程

步骤01 新建一个空白演示文稿，单击"开始"→"幻灯片"→"版式"，选择"空白"；单击"插入"→"插图"→"形状"→"基本形状"，选择"不完整圆"，如图12-30所示，按Shift键绘制。选中不完整圆，单击"绘图工具"→"格式"选项卡中的"形状填充"，选择"蓝色"；单击"绘图工具"→"格式"选项卡中的"形状轮廓"，选择"无轮廓"。

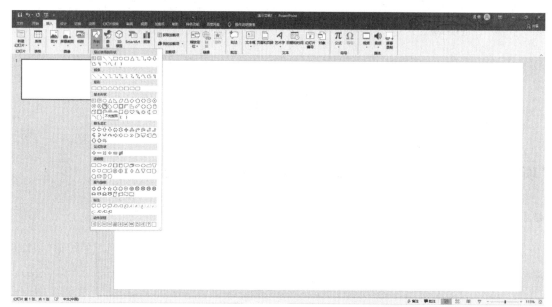

图 12-30　插入形状

步骤02 为了使角度更精确，需要插入一条直线作为辅助线，单击"插入"→"插图"→"形状"→"线条"，选择"直线"进行绘制，如图12-31所示。

步骤 03 拖动不完整圆右侧的橙黄色按钮，将不完整圆变形至四分之一圆，然后将直线删除。效果如图12-32所示。

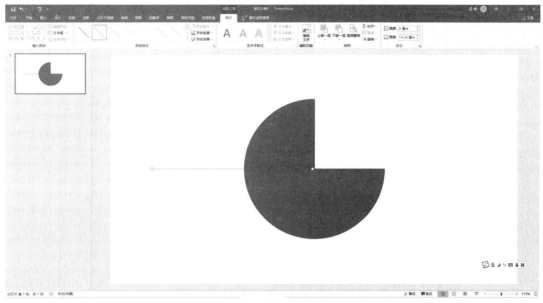

图 12-31 添加辅助线

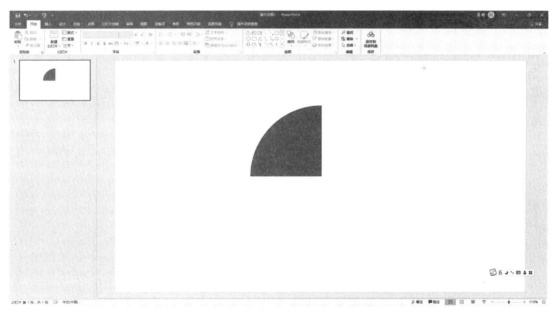

图 12-32 变形形状

步骤 04 复制粘贴出另一个四分之一圆，然后单击"形状格式"→"排列"→"旋转"→"水平翻转"，依前述方式将颜色设置为"浅蓝"，如图12-33所示。

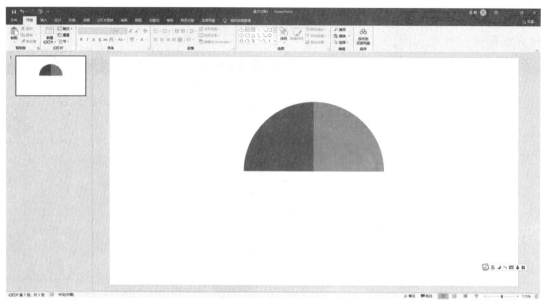

图 12-33　复制形状

步骤05 重复此步骤，得到4个四分之一圆，并设置不同的颜色，如图12-34所示。

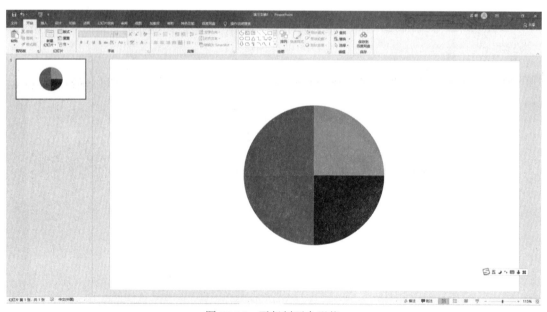

图 12-34　再复制两个形状

步骤06 依前述方法插入一个"形状"中的椭圆，按Shift键绘制成一个正圆。单击"绘图工具"→"格式"选项卡中的"形状填充"，选择白色；单击"绘图工具"→"格式"选项卡中的"形状轮廓"，选择"无轮廓"，最后调整正圆至合适大小，并将其移至图形中间，如图12-35所示。

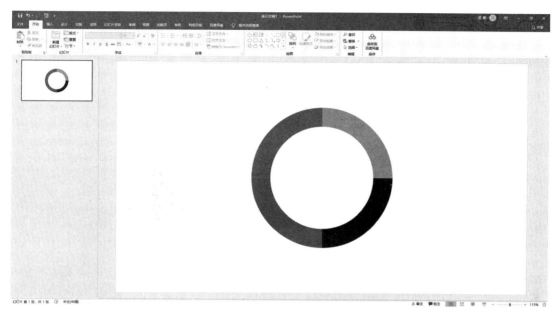

图 12-35　制作环形图案

步骤 07 单击"插入"→"文本"→"艺术字"，选择第一个"填充：黑色，文本色1；阴影"，输入文本"政策环境"，设置字体格式为"微软雅黑、28号"。单击"绘图工具"→"格式"→"艺术字样式"→"文本效果"→"转换"→"跟随路径"，选择"拱形"，如图12-36所示。拖动旋转文本，将其调整至合适的角度。

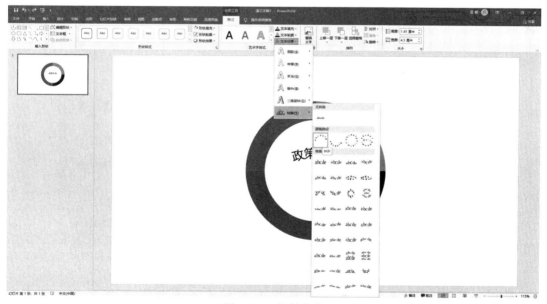

图 12-36　旋转文本

步骤 08 将文本再复制、粘贴3份，旋转移至相应位置，然后将文本颜色设置为"白色"，得到如图12-37所示效果。

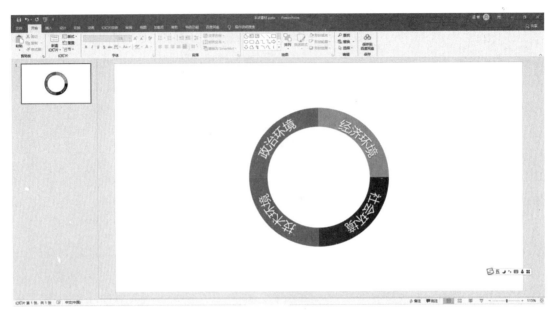

图 12-37　设置环形文本

步骤09 标题设计：单击"插入"→"插图"→"图标"→"通信"，选择"电话"图标，单击"插入"，如图12-38所示。

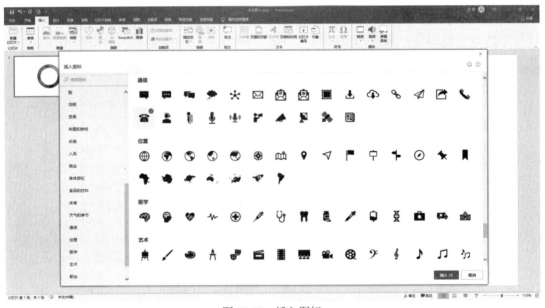

图 12-38　插入图标

步骤10 选中"电话"图标，单击"图形工具"→"格式"选项卡中的"图形填充"，选择蓝色，调整至合适大小。单击"插入"→"文本"→"艺术字"选择第一个"填充：黑色，文本色1；阴影"，输入文本"PEST"，设置字体格式为"微软雅黑、36号"，如图12-39所示。

图 12-39 设置标题

步骤11 绘制引导线，单击"插入"→"插图"→"形状"→"线条"，选择
"直线"，绘制一条略倾斜的直线；单击"绘图工具"→"格式"→"形状样式"，
选择"黑色"，复制粘贴这条直线，将新直线调整成水平并拖动至图12-40所示位
置。单击"插入"→"插图"→"形状"下三角按钮，选择"椭圆"，绘制成一个正
圆，"形状格式"选择"黑色""无轮廓"。按住Shift键分别选中两条直线和正圆进
行组合。

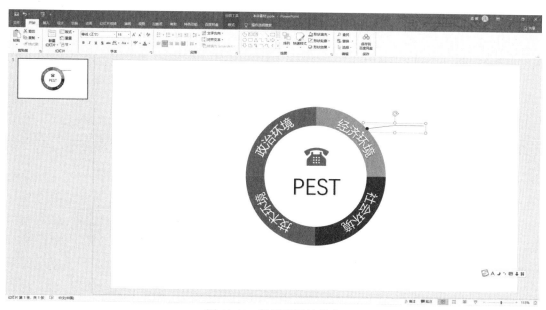

图 12-40 设置引导线组合

步骤12 复制粘贴得到另外几个相同的引导线组合，单击"绘图工具"→"格式"→"排列"→"旋转"，调整引导线组合，得到如图12-41所示的4个引导线组合。

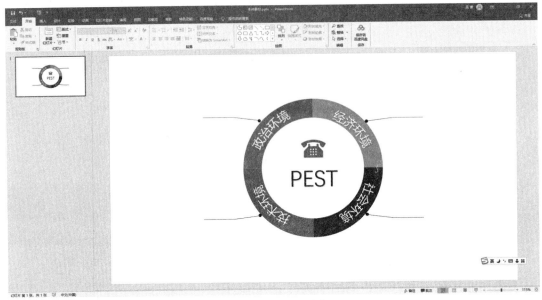

图 12-41　复制引导线

步骤13 单击"插入"→"文本"→"文本框"，选择"绘制横排文本框"，将文本框拖到如图12-42所示左上角文字处，输入文本，字号设置为"11号"。复制此文本框，将其他3个部分的文本内容分别输入其中，并移至相应位置，此页幻灯片制作完成。

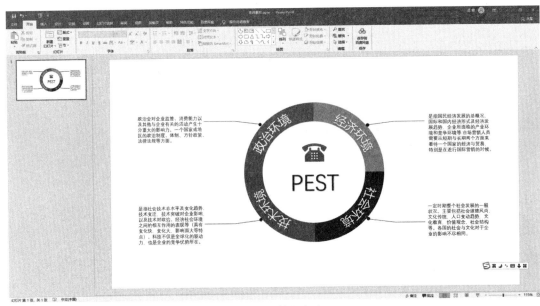

图 12-42　输入文本

● 项目延伸

PowerPoint内页排版时会遇到需要展示大篇幅文本的情况，在不删减内容的情况下排版，这样的演示文稿页面很难看清每一个字，因此可如本项目所示，只需突出小标题，在演示时讲解正文详细内容。

12.3　分割图片的效果

"项目三"PowerPoint 演示文稿封面——分割图片

● 项目导入

如果想得到图12-43这种很有新意的幻灯片封面，可以简单将把图片进行分割处理。

● 项目剖析

本案例将以图片作为突破点，讲述如何对图片进行一些不规则效果的处理，使版面变得既有新意又具时尚感。

图 12-43　分割图片的效果

● 项目制作流程

步骤01 新建一个空白演示文稿，在幻灯片封面页单击"插入"→"图像"→"图片"，插入素材图片。单击"插入"→"插图"→"形状"→"矩形"，选择"矩形：圆角"，如图12-44所示绘制一个圆角矩形，复制粘贴得到9个圆角矩形。

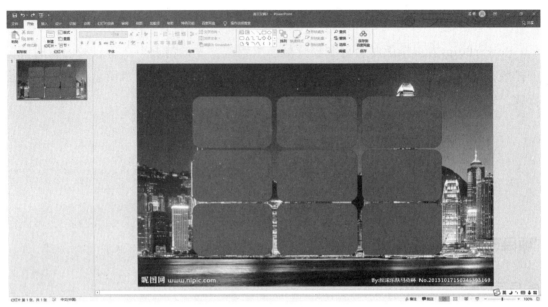

图 12-44　插入图片和矩形

步骤02 先选中图片，再按Shift键依次单击选中所有圆角矩形，然后单击"绘图工具"→"格式"→"插入形状"→"合并形状"，选择"拆分"，如图12-45所示。

图 12-45　拆分形状

步骤03 图片被分解成10部分，如图12-46所示删除多余部分。

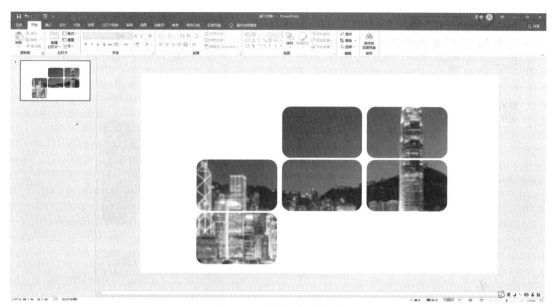

图 12-46 删除多余部分

步骤04 将所有圆角矩形向上调整，单击"插入"→"文本"→"文本框"，选择"绘制横排文本框"，然后如图12-47所示将标题文本录入文本框，设置格式为"微软雅黑、右对齐"，文本大小分别设置为："季度工作报告"44号，"2030"18号，"JIDU GONGZUO BAOGAO"24号，"汇报人：***"18号。将所有文字设置为单倍行距。

图 12-47 录入文本

步骤05 单击"插入"→"插图"→"形状"→"线条"，选择"直线"，如图

12-48所示将"形状轮廓"设置为"2.25磅粗细、黑色"。

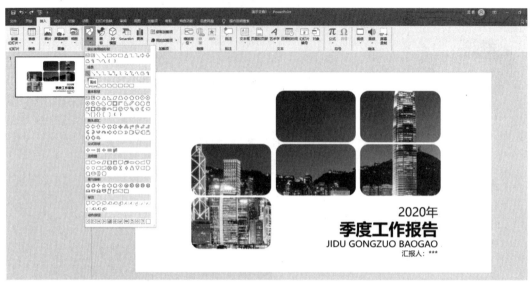

图 12-48　插入直线

步骤06 按Shift+F5组合键放映此幻灯片，如图12-49所示。至此本案例制作完成。

图 12-49　最终完成效果

● **项目延伸**

分割图片还可以运用黄金分割法。黄金分割是指事物各部分间一定的数学比例关系，即将事物一分为二，较大部分与较小部分之比等于整体与较大部分之比，其比值约为0.618。这个比例被公认为是最具有美感的比例，因此被称为黄金分割。利用黄金分割法可以很完美地进行图片和文本的排版，并且突出强调重点。

第13章

PowerPoint 动画
效果设计

本章目标

◎ 了解PowerPoint动画效果
◎ 掌握滚动字幕的制作方法
◎ 学会制作快闪幻灯片

本章将介绍PowerPoint动画效果的设计技巧。在所有PowerPoint的应用中，PowerPoint动画是最能凸显主题、强化表达效果的应用，能为演示者提出观点、获得观看者认同提供最大的助力。动画效果设计在幻灯片中起着至关重要的作用，具体来说有3个方面：

1. 逻辑作用。清晰地表达事物之间的内在关系。

2. 引导作用。突出重点，有效吸引观看者的注意力。

3. 强调作用。利用不同的演示方式有效避免观看者的枯燥感觉。

:::::::::: 13.1 滚动字幕 ::::::::::

"项目一" PowerPoint 动画效果——滚动字幕

● 项目导入

影视作品的结尾一般会滚动显示导演、编剧、演职员名单等内容，其实在PowerPoint中也可以实现这样的效果，为幻灯片增添别样的风格，同时也是对成功演示背后支持者的感谢。

● 项目剖析

制作滚动字幕主要分为两步：①界面设计；②动画设计。最终效果如图13-1所示。

图 13-1　滚动字幕

● **项目制作流程**

步骤01 在PowerPoint演示文稿的最后一张幻灯片上按Enter键，会新建一个幻灯片。单击"插入"→"插图"→"形状"下三角按钮，选择"矩形"，按Shift键绘制一个正方形。选中矩形，单击"绘图工具"→"格式"选项卡中的"形状填充"，选择"红色"。右击，在弹出的快捷菜单中选择"编辑文字"，输入文本"特别鸣谢"，设置为"黑体、44号"，如图13-2所示。

图 13-2　设置"特别鸣谢"格式

步骤02 插入一个竖排文本框，输入如图13-3所示文本。

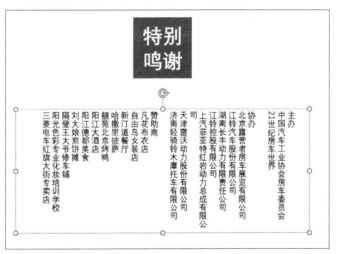

图 13-3　输入文本框内容

步骤03 选中文本框中所有文字，字体格式设置为"黑体、黑色、18号"。右击，在弹出的快捷菜单中选择"段落"，在打开的对话框中设置"间距"为"段前6磅"，"缩进"中设置"特殊"为"首行"，缩进值为"2字符"。按Ctrl键分别选中"主办""协办""赞助商"文本列，右击，在弹出的快捷菜单中选择"段落"，

"缩进"中设置"特殊"为"首行"，缩进值为"0字符"，字体格式设置为"黑体、黑色、20号"，最后将文本框拖至幻灯片右侧，如图13-4所示。

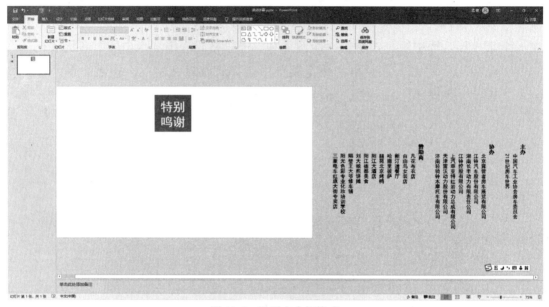

图 13-4　设置文本框格式

步骤04 单击"动画"→"动作路径"，选择"直线"，如图13-5所示。

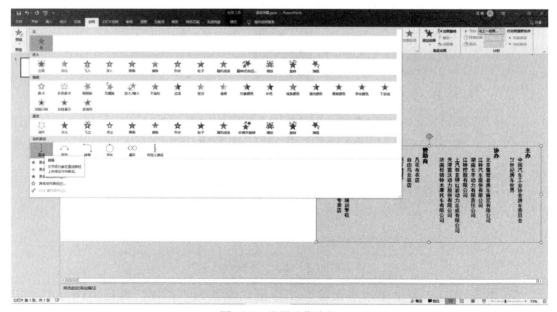

图 13-5　设置动作路径

步骤05 单击"动画"→"动画"→"效果选项"→"方向"，选择"靠左"，如图13-6所示。

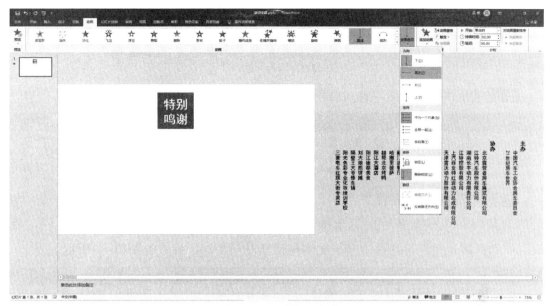

图 13-6　设置效果选项

步骤 06 文本框上出现一条两端分别为绿色和红色圆点的路径直线，拖动调整直线的长度及方向就可以控制文本滚动的长度和方向，按住Shift键同时拖动红色圆点沿直线拖动至幻灯片左侧，如图13-7所示。

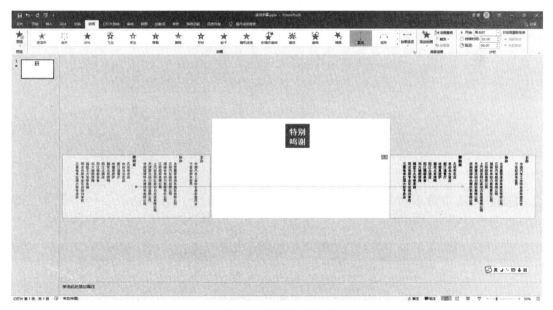

图 13-7　调整路径长度

步骤 07 选中文本框，单击"动画"→"计时"→"开始"，选择"与上一动画同时"，如图13-8所示。

图13-8 设置开始条件

步骤08 依次向下设置"持续时间"为10秒，如图13-9所示。

图13-9 设置持续时间

步骤09 准备好一首背景音乐，单击"插入"→"媒体"→"音频"→"PC上的音频"，选择准备好的音乐插入。选中音乐图标，单击"音频工具"→"播放"→"剪裁音频"，持续时间与文本框持续时间相同，参数如图13-10所示。

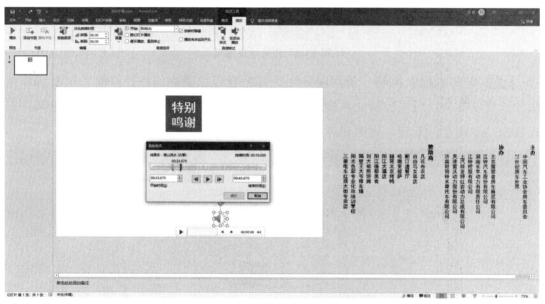

图13-10 设置音乐持续时间

步骤10 选中音乐，单击"音频工具"→"播放"→"音频选项"→"开始"选择"自动"，勾选"放映时隐藏"，如图13-11所示。

图13-11 设置音乐播放条件

步骤11 单击"动画"→"高级动画"→"动画窗格"，在右侧窗口中将音乐拖至最上方，设置"开始"条件为"与上一动画同时"，如图13-12所示。滚动字幕制作完成。

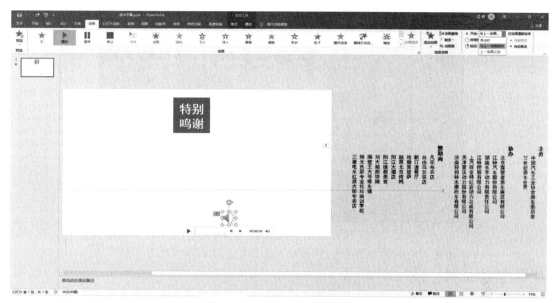

图 13-12　设置音乐开始条件

● 项目延伸

字幕的方向也可根据实际情况进行调整。如果需要反复进行不间断字幕式动画滚动，可以在"动画"→"效果选项"→"计时"→"重复"中设置重复次数。

13.2　快闪幻灯片

"项目二" PowerPoint 动画效果——快闪幻灯片

● 项目导入

在这个视频为王的时代，短视频的范围涵盖了技能分享、时尚潮流、社会热点、幽默搞怪等方面内容。其中的快闪幻灯片也是非常的有趣，而且节奏感也很强。

● 项目剖析

要制作快闪幻灯片，首先要明白快闪的原理：一页幻灯片一个场景，动画配合要节奏跟随音乐的节拍，不然是达不到效果的。最终效果如图13-13所示。

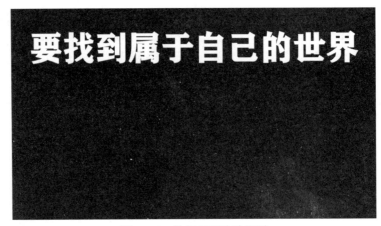

图 13-13　快闪幻灯片效果图

● **项目制作流程**

步骤01　新建一个空白演示文稿，单击"文件"→"打开"，在对话框下方选择所有文件，选中快闪文本，单击"打开"，如图13-14所示。

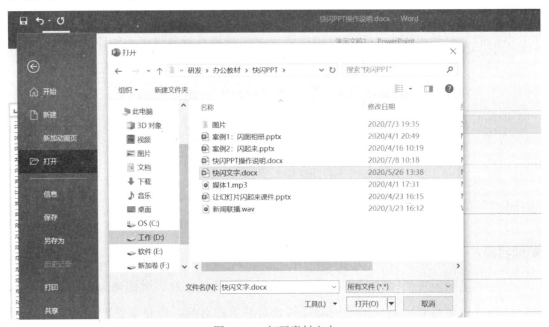

图 13-14　打开素材文本

步骤02　导入文本后，素材中每行文本占一页幻灯片，单击"视图"→"演示文稿视图"→"大纲视图"，将幻灯片切换到大纲视图下，按组合键Ctrl+A选中所有幻灯片，如图13-15所示。

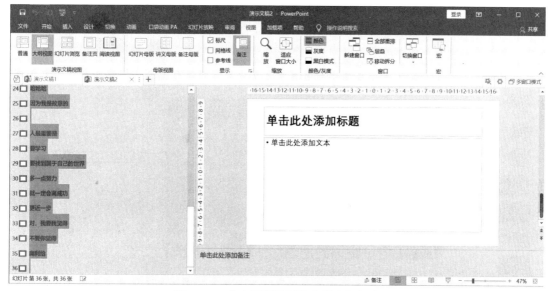

图13-15　在大纲视图下选中所有幻灯片

步骤03 单击"开始"→"字体"，设置字体格式为"微软雅黑、60、白色"，如图13-16所示。

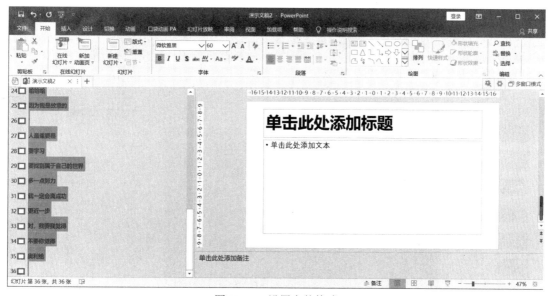

图13-16　设置字体格式

步骤04 单击"视图"→"演示文稿视图"→"普通视图"，切换为普通视图。单击"设计"→"自定义"→"设置背景格式"→"纯色填充"，选择"颜色"为黑色，单击"应用到全部"，如图13-17所示。

图 13-17　设置幻灯片背景格式

步骤05 再次按组合键Ctrl+A选中所有幻灯片，单击"切换"→"计时"→"换片方式"，将自动换片时间设置为"00：00.20"，单击"应用到全部"，如图13-18所示。

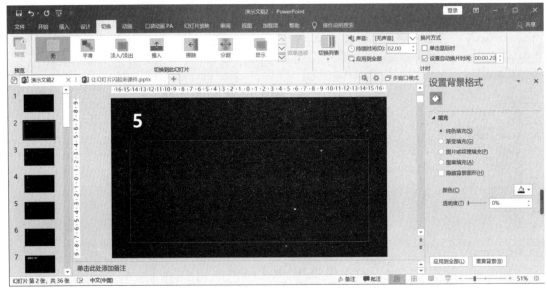

图 13-18　设置换片时间

步骤06 调整每张幻灯片上文本的位置，并单击"动画"选项卡给每项文本设置适合的动画效果，如图13-19所示。

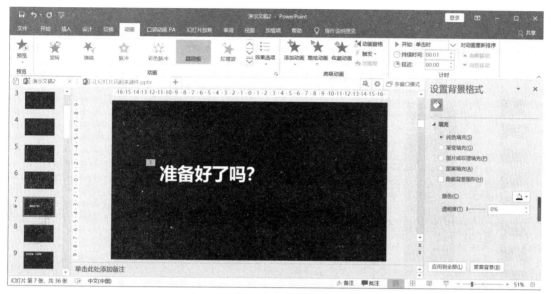

图13-19　设置文本位置和动画效果

步骤07 选中第一张幻灯片，插入提前准备好的音频文件，如图13-20所示。

图13-20　插入音频文件

步骤08 选中插入的音频文件，设置为与上一动画同时播放。单击"动画"→"高级动画"→"动画窗格"，在媒体1处右击，在弹出的快捷菜单中选择"效果选项"，设置停止播放为"在36张幻灯片后"，如图13-21所示。

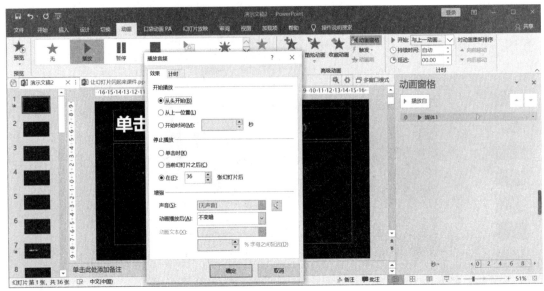

图 13-21　设置音频播放

步骤09 单击"幻灯片放映"→"开始放映幻灯片"中的"从头开始",此时快闪幻灯片将进行播放,如图13-22所示,快闪幻灯片制作完成。

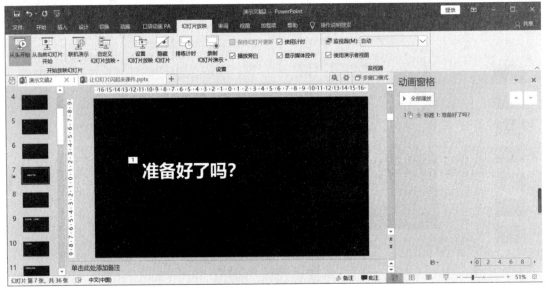

图 13-22　放映幻灯片

步骤10 最后还可以把快闪幻灯片保存成视频格式,单击"文件"→"导出"→"创建视频"→"创建视频",如图13-23所示。

图 13-23　保存成视频格式

● 项目延伸

　　快闪幻灯片的特点：第一，快；第二，动画整体风格都比较简单。风格简单是因为动画效果快，不宜承载过多内容。

第 14 章

幻灯片母版和放映

本章目标

◎ 了解幻灯片主题、版式和母版
◎ 掌握在每页幻灯片添加统一Logo的方法
◎ 掌握幻灯片的放映技巧

在本章中，将介绍幻灯片主题、版式和母版。

幻灯片主题是指幻灯片所用的模板，一套好的幻灯片模板可以提升幻灯片的演示效果，并增加可观赏性。同时幻灯片模板可以让幻灯片内容思路更清晰、逻辑更严谨，更方便处理图表、文本、图片等内容。幻灯片模板又分为动态模板和静态模板。

幻灯片版式指的是幻灯片内容的排列方式，即版面的布局。

幻灯片母版可以定义所有幻灯片共有的一些特点。这些特点包括：文本的位置与格式，背景图案，是否在每张幻灯片上显示页码、页脚及日期等。幻灯片有3种母版：幻灯片母版、标题母版、备注母版。最常用的是幻灯片母版，可设置除标题幻灯片以外的其他幻灯片的格式，母版上的更改反映在每张幻灯片上。如果要使个别幻灯片布局与母版不同，直接修改该幻灯片即可。

在本章中，还将介绍一些幻灯片的放映技巧，可更好地将幻灯片以动态的形式与观看者分享。

14.1 每页幻灯片添加统一 Logo

"项目一" 幻灯片母版——每页幻灯片添加统一 Logo

● 项目导入

现有一个幻灯片演示文稿，需要给每一页幻灯片添加公司Logo，如果逐一添加，非常麻烦，而且很难保证Logo的位置和大小完全一样，有没有更好的方法可以实现在每一页幻灯片都添加统一的Logo呢？

● 项目剖析

若要使所有幻灯片页都包含相同的字体和图像（如Logo），可以在幻灯片母版进行统一设置修改，所作修改将应用到所有幻灯片中，如图14-1所示。

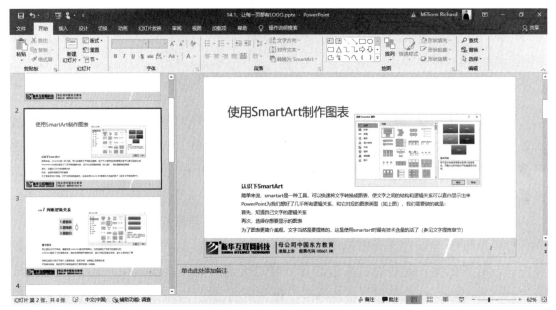

图 14-1　幻灯片母版应用

● 项目制作流程

步骤01 打开幻灯片素材文件，单击"视图"选项卡→"母版视图"→"幻灯片母版"，进入幻灯片母版视图，如图14-2所示。

图 14-2　打开幻灯片母版

步骤02 在左侧选择母版，将需要添加的Logo图片移至合适的页面位置，再调整Logo的大小和位置，如图14-3所示。

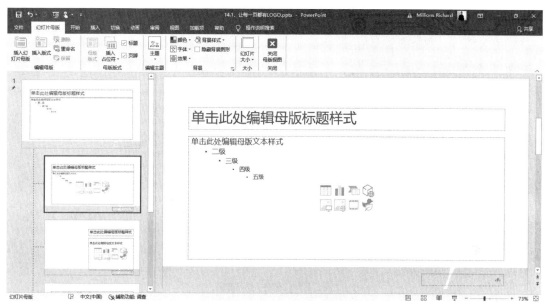

图 14-3　设置幻灯片母版

步骤03 调整Logo大小和位置后，单击"幻灯片母版"→"关闭"→"关闭母版视图"，即可退出母版编辑视图，如图14-4所示。

图 14-4　关闭幻灯片母版

步骤04 此时每页幻灯片都添加了所在位置和大小相同的Logo，最终效果如图14-5所示。

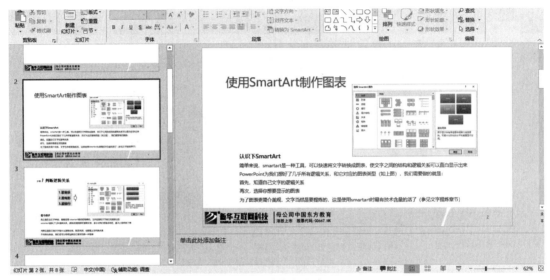

图14-5 最终完成效果

● 项目延伸

一般情况下，除目录页外，其他幻灯片都需要添加统一的Logo。

14.2 幻灯片放映小技巧

"项目一"幻灯片放映——放映小技巧

● 项目导入

幻灯片的放映方式有多种，常见的有自动放映、手动放映、自定义放映等。

● 项目剖析

本项目案例将主要针对学校环境、学习场所及防疫情况做一个简单介绍。最终效果如图14-6所示。

图14-6 幻灯片放映

"幻灯片手动放映流程"

步骤01 单击"幻灯片放映"→"开始放映幻灯片"→"从头开始",此时幻灯片将会从头开始放映,如图14-7所示。也可以直接按F5键开始从头放映,如果需要切换到下一页幻灯片,单击鼠标左键,按键盘空格键、Enter键、向下方向键,鼠标滚轮下翻等方法都可实现。如果需要切换到上一页幻灯片,可以按向上方向键、鼠标滚轮向上翻等都可实现。

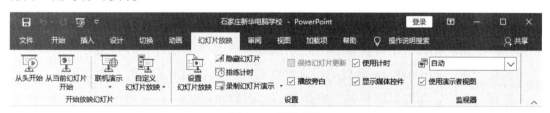

图14-7 手动放映

步骤02 如果放映中途需要停止,可以按Esc键;需要继续幻灯片放映时,单击"幻灯片放映"→"开始放映幻灯片"→"从当前幻灯片开始",或按组合键Shift+F5,即可从当前位置放映,如图14-8所示。

图 14-8　从当前位置放映

"幻灯片自动放映流程"

步骤01 幻灯片自动放映，需要进行排练计时设置，即放映幻灯片前先将幻灯片手动放映一遍。单击"幻灯片放映"→"设置"→"排练计时"，将幻灯片从头到尾全部放映一遍，PowerPoint会自动记录每张幻灯片放映的时长及幻灯片总时长，放映结束选择"是"，即可保存新的放映计时，如图14-9所示。

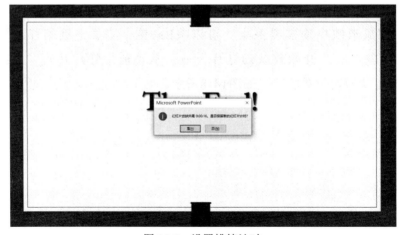

图 14-9　设置排练计时

步骤02 放映时按F5键或单击"幻灯片放映"→"开始放映幻灯片"→"从头开始"，PowerPoint即可从头开始按照保存的时长自动放映。

"幻灯片自定义放映流程"

步骤01 当幻灯片内容较多，但放映时又不需要这么多的内容，此时可以选择自定义放映方式。选择"幻灯片放映"→"开始放映幻灯片"→"自定义幻灯片放映"的下三角按钮，选择"自定义放映"，如图14-10所示。

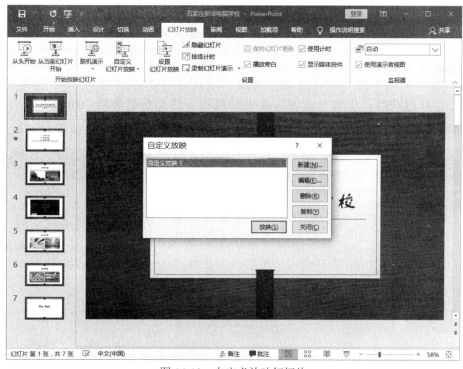

图 14-10　自定义放映幻灯片

步骤02 在自定义幻灯片对话框中单击"新建"，在左侧窗口选中要放映的幻灯片，单击"添加"添加到右侧窗口，单击"确定"，如图14-11所示。

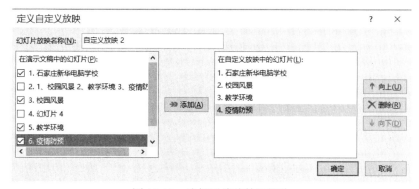

图 14-11　选择要放映的幻灯片

步骤03 此时操作界面将返回自定义放映对话框，如图14-12所示。单击"放映"，即可按照选定的幻灯片进行放映，未选中的幻灯片不会被放映。

图 14-12　放映自定义幻灯片

● **项目延伸**

在幻灯片放映时，还有一些辅助演讲的技巧，比如按组合键Ctrl+P可以切换到绘图笔指针，按W键可以切换到白板，按B键将切换到黑板。另外，在放映时右击，在弹出的快捷菜单中单击"指针选项"，还有不同类型的笔和墨迹颜色可以选择。

参 考 文 献

[1] 吉燕.全国计算机等级考试二级教程:MS Office 高级应用[M].北京:高等教育出版社,2019.

[2] 曾辉,熊燕.大学计算机基础实践教程:Windows10+Office2016[M].北京:人民邮电出版社,2020.

[3] 高万萍,王德俊.计算机应用基础教程[M].北京:清华大学出版社,2019.

[4] 熊燕,杨宁.大学计算机基础[M].北京:人民邮电出版社,2018.

[5] 杨再丹.大学计算机基础实训教程[M].西安:西安电子科技大学出版社,2016.

读书笔记